中国十大茶叶区域公用品牌之

武夷岩茶

刘宝顺 · 编著

中国农业出版社
· 北京

图书在版编目（CIP）数据

中国十大茶叶区域公用品牌之武夷岩茶/刘宝顺编著．—北京：中国农业出版社，2024.3（2024.4重印）
ISBN 978-7-109-31608-9

Ⅰ.①中…　Ⅱ.①刘…　Ⅲ.①武夷山－茶叶－介绍
Ⅳ.①TS272.5

中国国家版本馆CIP数据核字（2024）第009286号

中国十大茶叶区域公用品牌之武夷岩茶

ZHONGGUO SHIDA CHAYE QUYU GONGYONG PINPAI ZHI WUYI YANCHA

中国农业出版社出版

（北京市朝阳区麦子店街18号楼）（邮政编码 100125）

责任编辑：姚　佳

版式设计：姜　欣　责任校对：吴丽婷

北京中科印刷有限公司印刷
新华书店北京发行所发行
2024年3月第1版
2024年4月北京第2次印刷

开本：700mm×1000mm　1/16
印张：14.5
字数：212千字
定价：98.00元

《中国十大茶叶区域公用品牌丛书》
专家委员会

主　任：刘勤晋

副主任（以姓氏笔画为序）：
　　　于观亭　姚国坤　程启坤　穆祥桐

委　员（以姓氏笔画为序）：
　　　丁以寿　于观亭　王岳飞　权启爱
　　　刘勤晋　肖力争　周红杰　姜含春
　　　姜爱芹　姚国坤　翁　昆　郭桂义
　　　韩　驰　程启坤　鲁成银　穆祥桐

办公室主任：姚　佳

总　序

　　茶产业，是我国农业产业的重要组成部分。习近平总书记高度重视茶产业发展和茶文化交流，他在给首届茶博会发来的贺信中希望，弘扬中国茶文化，以茶为媒、以茶会友，交流合作、互利共赢，共同推进世界茶业发展，谱写茶产业和茶文化发展新篇章。2017年的中央1号文件强调，要培育国产优质品牌，推进区域农产品公用品牌建设，支持地方以优势企业和行业协会为依托打造区域特色品牌，引入现代要素改造提升传统名优品牌，强化品牌保护，聚集品牌推广。为此，农业部认真贯彻落实习近平总书记重要指示精神和中央要求，高度重视茶产业建设和茶业品牌建设，将2017年确定为"农业品牌推进年"，开展了一系列相关活动。同年5月18—21日，农业部和浙江省政府共同主办了首届中国国际茶叶博览会，会上推选出了"中国十大茶叶区域公用品牌"，分别为：西湖龙井、信阳毛尖、安化黑茶、蒙顶山茶、六安瓜片、安溪铁观音、普洱茶、黄山毛峰、武夷岩茶、都匀毛尖。

　　神州大地，上至中央，下至乡村，各级政府、企业、农户对农业品牌化建设给予了高度重视，上下联动，积极探寻以品牌化为引领，推动农业供给侧结构性改革。为贯彻落实党中央以及农业部"推进区域农产品公用品牌建设"的精神，做强中国茶产业、做大中国茶品牌、做深中国茶文化，助推精准扶贫，带动农业增收致富，中国农业出版社组织编写了"中国十大茶叶区域公用品牌丛书"，详细介绍我国十大名茶品牌，传播茶文化，使广大读者能更好地了解中国十大茶叶区域公用品牌的品质特性与文化传承，提升茶叶品牌影响力、传播茶文化，推动茶产业的可持续健康发展。

我们期待"中国十大茶叶区域公用品牌丛书"的出版，能为丰富茶文化宝库和提升茶产业发展做出贡献，能为人民的物质生活和精神财富提供丰富的"食粮"，能为全球人民文化交流和增进友谊带来更多的益处。但是我们也深知"中国十大茶叶区域公用品牌丛书"是一项综合工程，牵涉面很广，有不足之处，恳请诸方家指教。这一出版工作能为繁荣茶文化、促进茶经济献出一份力量，能为"一带一路"建设增添一砖一瓦，我们的目的就达到了。

中国农业科学院茶叶研究所研究员

"杰出中华茶人"终身成就奖获得者

本丛书主编

姚国坤

2020年6月

欲识岩茶"骨鲠"韵，且听幔亭道古今

——读刘宝顺《武夷岩茶》新作有感（代序）

众所周知，乾隆（爱新觉罗·弘历，1711—1799）是一位长寿之君，在位60年，活到88岁。除了治国有方，他还喜爱读书，学识渊博，且对养生有独特见解，如把饮茶功效上升到精神层面，认为夜读时苦茶可以"浇书"，并有诗为证。

> 清夜迢迢星耿耿，银檠明灭兰膏冷。
>
> 更深何物可浇书？不用香醅用苦茗。
>
> 建城杂进土贡茶，一一有味须自领。
>
> 就中武夷品最佳，气味清和兼骨鲠。

在夜读中品茗，万籁俱寂之中，诗人不仅感受到好茶可以助读"浇书"，而且体验到武夷茶之留香如"骨鲠"在喉。武夷山市茶叶科学研究所原所长，国家级非物质文化遗产武夷岩茶制作技艺传承人刘宝顺先生在他的新作《武夷岩茶》一书中，就十分清晰地阐述了武夷岩韵"骨鲠"之内涵"岩韵是茶人在品饮岩茶过程中所获得的独有感受"，"岩韵亦指岩骨花香，是由武夷岩茶独特的自然生态环境、适宜的茶树品种、良好的栽培技术和传统而科学的制作工艺综合形成的香气和滋味特征"。他还形容这种"骨鲠"在喉的香味特征"表现为香气芬芳馥郁、幽雅、持久、有层次变化、饮后齿颊留香，滋味啜之有骨，内涵丰富，回味悠长"。

退休以后，我曾应福建武夷学院之邀赴该校任特聘教授之职，协助学科建设达5年之久。其间常在假日徜徉武夷山"三坑两涧"之中，体验溪谷留香之韵。深深体会到武夷岩茶之绝，不仅得天时地利，更有武夷茶人长期辛勤耕耘。正如著名茶学家，已故安徽农业大学陈椽教授所言："武夷岩茶创制技术独一无二，为全世界最先进的技术，无与伦比，值得中国劳动人民雄视世界。"在宝顺先生新作中，作者不仅根据自己多年理论实际结合之所得，全面梳理了武夷岩茶起源、传播与发展的脉络；详解了岩茶产地生态环境、品种、采制和品饮及贮存条件；还细致介绍鲜为人知的岩茶核心加工技术要领。可以让读者亲身领会武夷岩茶传统制作技艺的严苛要求和一丝不苟的工夫。日本著名的"民艺之父"、陶艺大师柳宗悦在他《工艺之道》中写道："工艺超越一切的本质是'用'。品质、形态、外表等围绕工艺所有的事，都是以用为中心延伸开来的。随着与这一焦点的分离，工艺的本性和美也逐渐丧失。"岩茶传统而看似烦琐的"看茶做茶"工艺何尝又不是如此呢？

随着技术进步，我国制茶机械化、自动化水平也有大幅提升，但武夷岩茶的加工，特别是"正岩茶"因为品种珍稀，产量较少，至今仍保持传统制作的工艺特点，并严格遵守"看天做青""看青做青""看茶焙茶"的古训原因也在于此。

刘宝顺先生数十年如一日坚守武夷岩茶科研生产第一线，不断探索岩茶的新工艺并在林馥泉、张天福、姚月明、陈清水等老一辈茶学家研究的基础上坚持传统工艺与改革创新结合，如改进"双联动摇青机"和"综合做青机"及"程序控制做青机"等，使武夷岩茶从纯手工采制走向90%机采机制，大大节约了劳动力，提高生产效率与品质稳定性，进一步推动武夷岩茶走向国际国内市场，富裕了碧水丹山数十万茶农，对保护和传承国家级非物质文化遗产作出了重要的贡献。

我是在武夷学院工作时结识刘宝顺先生的。他待人诚恳、直爽、彬彬有礼、言谈朴实，颇有五夫刘氏大家之风。几十年来先生从事武夷山岩茶科研和生产管理多项工作，深受茶区广大群众欢迎，口碑出众，由于多年专业修炼，故能在短时间写出如此高水平集科学性、纪实性和可读性于一体的好茶书来。

当《武夷岩茶》即将付梓之际，除对姚国坤先生领衔的"中国十大茶叶区域公用品牌丛书"再次表示祝贺，特抒此感，谨以为序。

西南大学茶叶研究所原所长，教授，博士生导师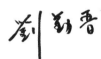
"杰出中华茶人"终身成就奖获得者

壬寅年夏于重庆北碚

前 言

　　武夷山历史悠久，物华天宝，人文荟萃，是中华十大名山之一，是世界文化与自然遗产地。武夷岩茶始于明末清初，其制作工艺是武夷山人民经过千锤百炼而创造发明的，是集体智慧的结晶。它首先从崇安（今武夷山市）逐渐由闽北茶区向闽南（泉州的安溪、永春、南安以及漳州等地）、广东潮汕茶区传播，其后又传播到台湾。目前，中国形成了以武夷岩茶为代表的闽北乌龙茶、以铁观音为代表的闽南乌龙茶、以凤凰单丛为代表的广东乌龙茶和以冻顶乌龙为代表的台湾乌龙茶四大乌龙茶产区。武夷岩茶是乌龙茶的始祖，武夷山是世界乌龙茶的发源地。对此，当代著名茶学家陈椽说："武夷岩茶的创制技术独一无二，为全世界最先进的技术，无与伦比，值得中国劳动人民雄视世界。"2006年，武夷岩茶制作技艺作为全国唯一制茶技艺，被列入首批国家级非物质文化遗产名录。

　　武夷山得天独厚的自然生态环境是不可复制的，是武夷岩茶卓越品质、独特风格形成的关键所在。武夷岩茶品质形成基础与优越的自然环境条件、优良的茶树品种、科学的栽培技术措施、合理的采摘技术、完备的制茶设施、适宜的制茶环境、精湛的制作技术、严格的质量监控管理等因素都有密切的关系。一般要求上述各项能同时兼备，方能发挥其独特品质。

　　《武夷岩茶》全书共分十章，对武夷岩茶起源、传播与发展、自然生态环境、品种、栽培与管理、制作机具、采制技术、审评与品饮、销售概况等内容作了较系统的阐述和总结，可供从事茶叶生产、科研、教学、销售的同行们参考。

　　本书的顺利完成离不开诸位师友的热忱支持。有宁德职业技术学院戈佩贞教授、潘玉华教授长期以来的关心，两位老师在我学习与研究武夷岩茶的过程中给予无私的支持；承蒙中国农业科学院茶叶研究所姚国坤教授、西南大学刘勤晋教授的厚爱，为本书的撰写给予帮助和指导；刘教授惠赐序言，令本书熠熠生辉；武夷学院茶与食品学院叶国盛和林燕萍老师提供相关撰写建议；倪琦、刘宏飞、刘宝生、彭仔从、周启富、占仕权、徐道松、钱仁宁、余华兴、刘仕章、丁伶俐、刘仕海、刘欣、王慧、占仕力、周建、吴松德、郑文铿、江先忠和周衍宗等为本书整理提供协助；吴心正为本书提供大量照片；中国农业出版社姚佳副编审为本书的编辑与出版付出辛勤的工作。以上一并致以诚挚的谢意。

　　武夷岩茶的历史文化、制作技艺博大精深，然对其认知毕竟有限，更兼有某些方面约束因素的影响，因此，本书一定存在不足之处，敬请读者指正。

编　者

2022 年 7 月

目　录

总序

欲识岩茶"骨鲠"韵，且听幔亭道古今
　　——读刘宝顺《武夷岩茶》新作有感（代序）

前言

第一章　武夷岩茶起源、传播与发展 ·················1

　第一节　武夷岩茶起源 ·········2
　第二节　武夷岩茶传播 ·········7
　第三节　武夷岩茶发展 ·········8

第二章　武夷山自然生态环境 ·················19

　第一节　武夷山地理位置与地形 ·········20
　第二节　武夷山土壤与气候 ·········22
　第三节　保护与改善茶园生态环境 ·········26

第三章　武夷岩茶品种 ·················29

　第一节　武夷菜茶 ·········30
　第二节　武夷名丛 ·········31
　第三节　武夷岩茶主要品种 ·········41

第四章　武夷岩茶栽培与管理 ·················57

　第一节　茶苗繁育 ·········58
　第二节　茶园开垦与定植 ·········60
　第三节　茶园管理 ·········63

第五章　武夷岩茶制作机具·············· **73**

第一节　古代采制工具 ·············· 74

第二节　近代采制工具 ·············· 76

第三节　新时代茶机具革新 ·············· 85

第六章　武夷岩茶采制·············· **99**

第一节　武夷岩茶采摘 ·············· 101

第二节　武夷岩茶初制 ·············· 105

第三节　武夷岩茶精制 ·············· 128

第七章　武夷岩茶感官审评与品饮·············· **141**

第一节　武夷岩茶独有品质特征及品类 ·············· 142

第二节　武夷岩茶感官审评 ·············· 155

第三节　武夷岩茶品饮 ·············· 159

第八章　武夷岩茶贮藏、陈化与保健功效·········· **165**

第一节　武夷岩茶贮藏 ·············· 166

第二节　武夷岩茶陈化 ·············· 168

第三节　武夷岩茶保健功效 ·············· 170

第九章　武夷岩茶销售概况·············· **175**

第一节　武夷岩茶销售方式 ·············· 176

第二节　武夷岩茶老销区 ·············· 180

第三节　武夷岩茶新销区 ·············· 186

第十章　武夷岩茶文化大观园·················**189**

　　第一节　茶事摩崖石刻 ·················190

　　第二节　茶旅游景点 ·················198

　　第三节　茶事活动 ·················205

参考文献·················**212**

附录　武夷岩茶大事记·················**214**

第一章

武夷岩茶起源、传播与发展

武夷山历史悠久，物华天宝，人文荟萃，是中华十大名山之一，是世界文化与自然双遗产地。得天独厚的自然生态环境不可复制，茶树种质资源丰富，茶文化底蕴丰厚，也是近代茶叶研究和教学的重地。武夷岩茶为乌龙茶之上品，是我国十大名茶之一，2002年获得国家地理标志保护产品，2006年武夷岩茶制作技艺被列入首批国家级非物质文化遗产名录。2022年，"中国传统制茶技艺及其相关习俗"列入联合国教科文组织人类非物质文化遗产代表作名录，武夷岩茶制作技艺作为子项之一列入其中。

第一节　武夷岩茶起源

武夷茶始于何时？据胡浩川考证，武夷菜茶由野生种演变而来。庄晚芳教授认为武夷茶早为古人所栽，或可能引自浙江乌龙岭。而武夷茶作为饮品，可追溯至汉代。据宋代文人苏轼所作《叶嘉传》，以拟人手法歌颂武夷茶，相传汉武帝得知武夷山有好茶，即令建州太守搜寻，并令将之纳为贡品。《叶嘉传》虽然为文学作品，但结合中国茶史进程，也可合理推断汉代的武夷山先民已有饮茶习惯。文中写道："氏于闽中者，盖嘉之苗裔也""天下叶氏虽夥，然风味德馨为世所贵，皆不及闽"。说明当时福建之茶已很名贵，但作为其代表的建安、武夷之茶更是身价高人一筹。

至南北朝，梁国著名文学家江淹（444—505）任吴兴县令（今福建省浦城县）时撰文《建安记》，用"碧水丹山""珍木灵草"赞美武夷山及其茶。如今"碧水丹山""珍木灵草"已广用为对武夷山和武夷茶的代称与赞美。

唐代陆羽（733—804）著《茶经》，其中记载："茶者，南方之嘉木也""岭南，生福州、建州、韶州、象州……往往得之，其味极佳"。唐代福州旧治在今闽侯县东北，建州即今建瓯市一带，武夷山隶属于建州。

唐代文学家孙樵（约825—855）所撰《送茶与焦刑部书》，曾将武夷茶拟人为"晚甘侯"，内云："晚甘侯十五人，遣侍斋阁，此徒皆乘雷而摘，拜水而和，盖碧水丹山之乡，月涧云龛之品，慎勿贱用之。"崇安在唐代还没有建县，尚属建阳，而碧水丹山原为武夷的特称，故此茶为武夷所产无疑了。唐代光启年间 (885—888)，徐夤《谢尚书惠蜡面茶》诗云："武夷春暖月初圆，采摘新芽献地仙。飞鹊印成香蜡片，啼猿溪走木兰船。金槽和碾沉香末，冰碗轻涵翠缕烟。分赠恩深知最异，晚铛宜煮北山泉。"在孙樵的书札和徐夤的诗句中，明白地指出了武夷茶在9世纪初已作为馈赠之品，其采制技术已属可观，其栽植自必较此更早，当无疑义。

宋代，闽北建州成为贡茶产制中心。范仲淹《和章岷从事斗茶歌》中有云："溪边奇茗冠天下，武夷仙人从古栽……北苑将期献天子，林下雄豪先斗美。"苏轼咏茶诗《荔枝叹》有云："武夷溪边粟粒芽，前丁后蔡相笼加。争新买宠各出意，今年斗品充官茶。"因此，宋时建州北苑贡茶极盛，丁谓、蔡襄曾先后为福建路转运使，创制大小龙凤团茶上供，故范之所歌，苏之所咏，当系指当时之北苑贡茶。

至元代，"浙江行省平章高兴过武夷，制石乳数斤入献。十九年乃令县官莅之，岁贡二十斤，采摘户凡八十。大德五年，兴之子久住为邵武路主管，就近至武夷督造贡茶，明年创焙局，称为御茶园……后岁额浸广，增户至二百五十，茶三百六十斤，制龙团五千饼。迨至正末，额凡九百九十斤，明初仍之……洪武二十四年……茶名有四：曰探春、先春、次春、紫笋，不得碾揉大小龙团，然而祀典贡额，犹如故也。嘉靖三十六年，建宁太守钱嶫，因山茶枯……御茶改贡延平，自此遂罢茶场，园寻废。"这段记载描绘出一部贡茶的历史，从元代至元十六年（1279）到明代嘉靖三十六年（1557）的270多年间，贡额一年年增加，最后突然因"本山茶枯"而罢。这期间茶的形制也有极大变更，以前一向所制的饼茶——大小龙团，至明代洪武二十四年（1391）已不准碾揉而改制探春等散茶。武夷茶的栽植范围亦有变迁的历程。元代皇家的御茶园，位于九曲溪四曲溪畔。旧时亭台，今仍留有数处移植。四曲、五曲、六曲附近，从前是茶园集中的地方，也是茶叶品质最好的产地。而接笋峰下的茶洞，因"产茶甲于武夷"得名。明末清初著名学者、诗人屈大均有《饮武夷茶作》，诗小注云："武夷茶以折笋峰、茶洞种者为佳。"五曲溪流中的茶灶石上有朱熹的真迹《茶灶》，诗云：

"仙翁遗石灶，宛在水中央。饮罢方舟去，茶烟袅细香。"小九曲（四曲溪中罗列的巨石）东侧希真岩石的金谷洞，产茶品质最佳（均见《武夷山志》）。以上史料，说明九曲溪的中段植茶之盛，产品之佳，一定是甲于武夷的。但是茶树也随着时代的轮子逐渐变迁。如今，平林渡头虽然还有整齐的茶园，可是已不是岩茶的上品。志书中一无记载的三条坑（慧苑坑、大坑口和牛栏坑）内外的水帘洞、竹窠岩、兰谷岩、天心岩等十几处所产的茶叶，当今却成为真正的武夷岩茶（大岩茶），而九曲溪边的庆云岩（即御园茶）、文公祠、天游岩、桃源洞、白云岩所产的，则降为武夷岩茶的中品，反不及三涧坑的佛国、碧石等岩的产量了。武夷茶园的集中地，由九曲溪北迁到三条坑，是否在明代"本山茶枯"的时候，又是一个不解之谜了。据《闽小纪》云："新茶下，崇安令例致诸贵人。黄冠苦于追呼，尽斫所种，武夷真茶久绝。……黄冠既获茶利，遂遍种之。一时松栝樵苏都尽。后百年为茶所困，复尽刈之，九曲遂濯濯矣。"但不知"尽斫所种"是在什么时候。不过，这样的变迁，为后来乌龙茶的创制提供了地理条件与动因。

🌿 五曲溪流中的茶灶石（吴心正 摄）

至明代，中国茶叶又迎来了一个重要时期。上文提及"不得碾揉大小龙团"，即废团茶改制散茶，武夷山的制茶也有了新的发展。明代后期引进安徽松萝炒青绿茶制法，是一大进步。《闽小纪》有云："崇安殷令招黄山僧，以松萝法制建茶，堪并驾。今年余分得数两，甚珍重之，时有武夷松萝之目。"陈椽教授对此评价："炒青绿茶发展，是制茶领域里的大革命。"明代许次纾（1549—1604）在《茶疏》中也赞曰："惟有武夷雨前最胜。"

此后，由于炒青工艺经过连续演变，竟使岩茶制法脱颖而出，原因是武夷山北面的茶品质比山南面的好，武夷茶园的集中地由九曲溪北向三条坑（慧苑坑、大坑口和牛栏坑）转移。由于三条坑山高地形复杂，时有鲜叶采摘后未能及时运回付制，采摘的茶青在茶篓里水分散发而自然萎凋，同时采茶工不停地走动，使茶青在茶篓里因受抖动而相互碰撞，并与篓壁摩擦，相当于起到了摇青作用。同时，受武夷山地域生态条件影响或因小气候多变，使制作绿茶加入了发酵因素。在种种因素的影响下，炒制的绿茶既有特殊的花果香又有较浓厚的味道。就在这偶然机遇中，激发了武夷茶人的灵感，从无意的自然变化现象，到人为有意识地将茶青摊晾或日晒，然后加以抖动或摇晃，等到变化达到一定程度时炒青而制成的茶，品质不断提高，形成独有风味。经过武夷山历代茶人勤劳耕耘、千锤百炼和智慧创造，逐渐形成武夷岩茶（乌龙茶）的制作工艺。这是武夷山人民集体智慧的结晶，是中华民族农耕文明的产物。

关于武夷岩茶制作工艺的重要史料，有清代释超全的《武夷茶歌》，内云：建州团茶始丁谓，贡小龙团君谟制。元丰敕制密云龙，品比小团更为贵。元人特设御茶园，山民终岁修贡事。明兴茶贡永革除，玉食岂为遐方累。相传老人初献茶，死为山神享庙祀。景泰年间茶久荒，喊山岁犹供祭费。输官茶购自他山，郭公青螺除其弊。嗣后岩茶亦渐生，山中借此少为利。往年荐新苦黄冠，遍采春芽三日内。搜尽深山粟粒空，官令禁绝民蒙惠。种茶辛苦甚种田，耘锄采摘与烘焙。谷雨届期处处忙，两旬昼夜眠餐废。道人仙山资为粮，春作秋成如望岁。凡茶之产视地利，溪北地厚溪南次。平洲浅渚土膏轻，幽谷高崖烟雨腻。凡茶之候视天时，最喜天晴北风吹。苦遭阴雨风南来，色香顿减淡无味。近时制法重清漳，漳芽漳片标名异。如梅斯馥兰斯馨，大抵焙得候香气。鼎中笼上炉火温，心闲手敏工夫细。岩阿宋树无多丛，雀舌吐红霜叶醉。终朝采采不盈掬，漳人好事自珍秘。积雨山楼苦昼间，一宵茶话留千载。重烹山茗沃枯肠，雨声杂沓松涛沸。

全诗蕴含了关于武夷茶区茶的发展历程，由团茶改制散茶，尔后逐渐形成岩茶，描述了茶叶采摘时期，制茶熬夜的辛苦，九曲溪溪北的产地比溪南好，制作要看天气，天晴才能制好茶，制作过程要注意香气的变化发展以及焙火的掌握，珍贵的名丛数量不多，冲泡与品饮的感受等内容。总之，茶僧释超全在《武夷茶歌》中对岩茶的采摘、地利、天时、制作、品饮作了具体描述，极具史料价值。《武夷茶歌》是记载武夷岩茶制作工艺的第一手资料，也是乌龙茶始创于武夷山的佐证。

《朱佩章偶记》，作者朱绅，字佩章，福建长汀人，1662年生人。出生医学世家，与其弟朱子章、朱来章自幼习医。曾从军经商，后至日本长崎生活。《朱佩章偶记》成书于1712年，记录他游历全国各地时所见所闻："风俗出产道地""近时奇异之事，有志传所未载者"。其中有数条关于茶叶的记录。"武夷茶"条云："武夷山各峰山石俱产茶。至春分后，日采嫩芽。此芽有天然香气，加之工夫，炒做得法，自然与他茶不同。别处茶叶皆青，惟武夷茶叶青红兼之，叶泡十日亦不烂。其味兰香鲜甜，不苦不涩。名类极多，不能悉录。另有《茶谱》载考：今以武夷为茶中第一品，色红如琥珀，烹茗最要得法。"此条资料，记录了武夷茶的制作、品质特征等，描述若"青红兼之""兰香鲜甜，不苦不涩""色红如琥珀"者，大类当今的武夷岩茶。

另一条珍贵的史料，则是陆廷灿《续茶经》中引录的王草堂《茶说》。文曰：武夷茶，自谷雨采至立夏，谓之头春；约隔二旬复采，谓之二春；又隔又采，谓之三春。头春叶粗味浓，二春、三春叶渐细，味渐薄，且带苦矣。夏末秋初，又采一次，名为秋露，香更浓，味亦佳，但为来年计，惜之不能多采耳。茶采后，以竹筐匀铺，架于风日中，名曰晒青。俟其青色渐收，然后再加炒焙。阳羡、岕片，只蒸不炒，火焙以成。松萝、龙井，皆炒而不焙，故其色纯。独武夷炒焙兼施，烹出之时，半青半红，青者乃炒色，红者乃焙色也。茶采而摊，摊而揉，香气发越即炒，过时、不及皆不可。既炒既焙，复拣去其中老叶枝蒂，使之一色。释超全诗云："如梅斯馥兰斯馨，心闲手敏工夫细。"

　　文中对武夷岩茶的制作工艺描绘得淋漓尽致。时至今日，武夷岩茶依然延续着这种传统制作工艺，与当今乌龙茶制法相符。吴觉农先生和茶界多位专家均一致认为王草堂的《茶说》是乌龙茶（岩茶）起源于武夷山的力证。其制作工艺诞生于明末清初，距今有三四百年历史。

　　自清末至民国，岩茶制作工艺渐趋成熟，向省内外传播，也开始输向国外。

第二节　武夷岩茶传播

　　武夷山为我国茶树原产地之一。当地茶树有性群体——武夷菜茶是由野生种演变而来的。最早人们采摘茶树鲜叶食用、饮用或药用，直至唐代除日常饮用外，还蒸制块状饼茶作为相互间馈赠礼品。从宋代开始以贡茶形式传播，联结地方与中央。武夷茶的对外贸易从明代起已有文字记载。著名的"万里茶道"以武夷山为起点，运茶到中俄边境的恰克图，再转运欧洲。它与早年"丝绸之路"同享盛誉。1689年武夷茶出口至英国，并扩展到美洲。

　　1757年，英商采取陆海兼运，从武夷绕道江西抵广州再出海至欧洲。五口通商后，中国茶外贸量剧增，开辟福州、厦门为主要港口，福建省茶叶外销量占全国总出口量的二分之一，其中主要是武夷山的茶。从16—17世纪开始，武夷茶风靡欧美市场，饮茶成为各阶层集会的高尚礼节，茶也成为欧美各国普遍饮品，有许多西欧人因喝了武夷茶才知道中国。武夷茶因誉满全球而轰动了学术界，引起植物分类学家和生物化学界的重视，如1908年瓦特（Watt）和1919年科恩司徒（Cohen Stuart）分别将茶树分为四个变种，其中之一均为武夷变种（var.*bohea*），作为中国茶树的代表；1981年庄晚芳教授根据茶树植物亲缘关系，把武夷亚种（ssp.*bohea*）和武夷变种（var.*bohea*）列入茶树分类系统。1840年美国人乌克斯著《茶叶全书》"茶之化学"篇，指出"从茶叶的茶单宁中分离出一种名为武夷酸的物质"，后来证明这武夷酸即为没食子酸。

除此，中国武夷茶的美誉也引起国外医学和文学界的青睐，如荷兰著名医师尼拉斯·迪鲁库恩在1641年出版的《医学论》中说："什么东西都比不上茶，由于茶的作用，饮茶人可以从所有疾病中解脱出来，并且可以长寿……"英国文学家迪拉利评论说："茶颇似真理的发展，始则被怀疑……及传播渐广，则被诋毁，最后乃获胜利，使全国自宫廷以迄草庐皆得心旷神怡。"文学家、诗人萨尔丑斯对乌龙茶的芳香韵味也极为赞赏。1663年诗人瓦利曾为饮茶皇后卡特琳作诗赞道："月桂与秋色，美难与茶比……"19世纪初期我国茶叶出口量急剧增加，1860年输往英国的茶叶占输出总量的90%，1876年输往美国的茶叶量在各国中又独占鳌头。据厦门海关年度贸易报告：1877年厦门乌龙茶输出量达5 425.68吨的最高纪录。但此后，因受国内生产困境和国外市场竞争影响，武夷茶对外贸易量逐年跌落。直至中华人民共和国成立，茶叶外贸得以恢复且贸易量迅速上升。

目前，福建武夷茶远销世界五大洲40多个国家和地区，主要有日本、新加坡、马来西亚、泰国、英国、法国、德国、美国、加拿大、意大利、西班牙和我国香港、澳门地区等。武夷茶内销始于明末清初，开始有闽南商人到武夷山学习制茶工艺并带走茶籽，后来逐渐传播到泉州的安溪、永春、漳州、粤东潮汕等地，之后转向我国台湾、香港和东南亚各国。如今安溪铁观音、漳平水仙、永春佛手、广东凤凰水仙、台湾包种等制作工艺均师承武夷岩茶。

第三节　武夷岩茶发展

因清末朝廷无能，加之印度、锡兰（今斯里兰卡）红茶崛起等原因，武夷茶生产步伐受到影响。至第一次世界大战期间（1914—1918），兵灾频繁，茶产业一度陷于困境。但中国茶传承历史毕竟久远，特别是武夷岩茶拥有仙境般的丹霞地貌，独特的制茶工艺和深厚的文化底蕴，为世界各国所同嗜，是一个永击不败的品牌，即使一度受挫，仍保有一定销路，史证见《崇安县新志》载："印、锡虽竞销，也终未能攘而夺之。"

　　1938年10月，张天福任福安茶叶改良场（今福建省茶叶研究所前身）、省立福安农业职业学校（今宁德职业技术学院前身）的场长兼校长，奉命将福安茶叶改良场主要人员随带档案、图书、仪器等，迁移至崇安（今武夷山市）赤石。从此，近代中国的茶叶科研工作根植于崇安。1939年11月，由福建省贸易公司和中国茶叶公司福建办事处联合投资兴办福建示范茶厂，原崇安茶叶改良场并入示范茶厂，示范茶厂下设福安、福鼎分厂和武夷、星村、政和制茶所。常务工作有茶树栽培试验、茶树病虫害研究、茶叶化学之分析与研究、测候之设置等，1940年，张天福先生利用福建示范茶厂的设备和人才，建立崇安县立初级茶业职业学校，培养茶叶专业技术人才，编写研究报告、示范厂月报，开展福建省茶叶调查等工作。1942年，地处浙江衢州的民国政府财政部贸易委员会茶叶研究所迁来崇安，与示范茶厂合并。吴觉农任所长，所址设在赤石。研究所集中了蒋芸生、王泽农、陈椽、林馥泉、尹在继、庄任等一批专家教授与茶叶专业人员，从事茶叶研究工作。

　　民国时期，正因为有上述相关茶叶科学研究机构与人才汇集武夷山，武夷茶的生产技术和科学研究得以发展。茶学家们扎实地开展调查与研究，撰写的论著发表在《茶讯》《武夷通讯》《万川通讯》《茶叶研究》《闽茶》《福建农业》《茶报》《协大农报》等刊物中，加入了当时"兴茶报国"的潮流中，为中国现代茶业制度和茶学体系的建立奠定了基础，这些论著是见证中国茶业复兴和武夷茶发展的宝贵资料。其中为后人所称道者，有林馥泉的《武夷茶叶之生产制造及运销》，该书分概说、茶史茶名及产量、生产经营、岩茶之栽培、岩茶之采制、制茶成本、岩茶审评、岩茶销售情况等内容，是研究武夷茶集大成之作，为后人提供了翔实、可靠的研究资料。另有王泽农《武夷茶岩土壤》，研究了武夷茶岩土壤环境、形态特征等内容，提出了改造茶岩土壤管理的建议，是茶学界调查报告的典范。

　　抗战胜利后，财政部贸易委员会茶叶研究所由南京国民政府农林部中央农业实验所茶叶试验场接管，张天福任中央农业实验所技正兼崇安茶叶试验场场长，一直到1949年中华人民共和国成立。

1949年，茶叶试验场改为福建省人民政府实业厅崇安茶厂，张天福任厂长。

除了生产部门正常运转，茶学教育与研究亦得到发展。根据《崇安县新志》中等学校概况调查表记载，1940年设立崇安县立茶叶职业学校，吴石仙县长兼校长，学生32人，每月经费250元，由县签发，招收高小毕业生，授以初中相当课程及茶叶产制普通学识，毕业年限3年，校址原假企山乡第一茶区，后迁文庙。1958年武夷茶业大学成立。

1960年在天游峰顶成立崇安县茶业科学研究所，正式恢复茶叶科学研究机构。

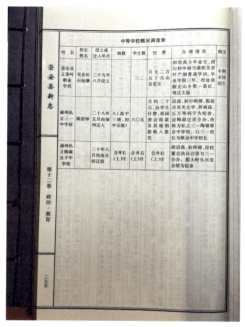

崇安县立茶叶职业学校
（《崇安县新志》）

武夷茶业大学师生合影（朱文伟提供）

　　武夷山旅游职业中专学校创办于1975年，也是武夷山市职教中心主体校，有相当一批学员成为茶产业、旅行社、酒店等行业骨干。

　　2007年成立武夷山职业学院，茶学系为适应城镇美化绿化、休闲农业发展和茶叶生产及营销人才的需要，面向省内外培养农茶类高等职业技术应用型人才。设有园艺技术、园林技术、茶叶生产加工技术3个专业，其中茶叶生产加工技术专业被列为该校重点建设专业。该专业设有茶艺表演、茶叶营销、茶文化、茶叶加工四个方向，主要对武夷山土壤、地域、植被、生态、茶树品种、栽培技术、制作工艺、岩茶品质、泡饮技艺、人体保健等方面进行研究。随后，大批学术论文面世，将岩茶品质与生态、工艺过程的研究上升为理论。

🌱 朱寿虔在崇安县茶业科学研究所
（朱文伟　提供）

🌱 武夷山职业学院

2007年3月教育部批准设立的武夷学院，是公办全日制普通本科院校。2008年12月武夷学院设立茶学与生物系，2012年8月在学校专业整合中更名为茶与食品学院。该学院下设茶学系、园艺系、食品质量与安全系、食品科学与工程系，建设圣农食品学院与武夷茶学院2个产业学院，拥有万里茶道文化研究院、中国乌龙茶产业协同创新中心、茶叶科学研究所等科研机构与平台。现有茶学、园艺、食品质量与安全、食品科学与工程4个本科专业。茶学专业现为国家级特色专业、福建省重点学科、福建省一流专业、福建省省级特色专业；园艺专业现为福建省省级应用型重点建设学科、农业专业硕士授权培育点。茶学专业以培养德、智、体、美、劳全面发展，茶文化经济方向应用型、实践型人才为主要目标，具有茶树栽培与育种、茶叶加工、茶叶分析、茶叶审评与检验等方面的基本理论和技能，突出茶文化与茶经济特色，能从事茶园安全生产、茶叶加工与审评、茶叶质量与检测、茶文化策划宣传、茶叶企业经营管理、茶叶市场开发等方面相关工作。

武夷学院

中华人民共和国成立后，武夷茶产业得到恢复和发展，尤其自改革开放之后，生产步伐加快。截至2022年，全市共有茶园面积14.8万亩[①]，涉茶人员12万人。全市注册茶叶类市场主体21 118家（其中企业7 018家，个体工商户14 100家），茶叶合作社138家，茶叶（岩茶）研究所100所，规上茶企（年产值达到2 000万元的企业）40家，市级以上龙头茶企21家，国家级龙头企业2家，通过食品生产许可（SC）1 361家。涉茶电商1 727家、茶包装企业44家、物流企业83家、茶机械企业28家、茶食品企业4家。干毛茶产量2.36万吨，茶叶产值22.85亿元，实现茶产业产值120.08亿元。茶产业主体实现税收1.1亿元。武夷岩茶连续5年位列中国茶叶类区域品牌价值第二名，品牌价值710.54亿元，荣获2021年度"三茶"统筹先行县域、茶业百强县、区域特色美丽茶乡、2021—2023年度中国民间艺术之乡（茶文化）称号，在福建省农业农村厅支持下以星村镇燕子窠周边区域为重点，打造全国武夷岩茶产业集群"三茶"统筹先行区，武夷山市茶产业全产业链发展势头良好。

茶叶机械化采摘面积达80%以上，综合做青机普遍推广使用。近些年来，由企业、科研、教育等部门密切配合，开创了许多制茶机械和新工艺产品，如智能化电脑控制操作综合做青机，研制快速萎凋机并投入使用，创制新工艺岩茶紧压茶；目前，大红袍、水仙等系列紧压茶产品已批量生产销售至省内外各地。纵观当今，武夷岩茶已成为福建省经济发展、农业旅游业的支柱产业，在新时代焕发出新的生机和活力，归纳分述为以下几个方面。

一、武夷岩茶制作工艺的保护与传承

2002年武夷岩茶列入国家原产地地理标志产品保护名单。2006年武夷岩茶制作工艺成功入选第一批国家非物质文化遗产名录，成为唯一的茶类国家级非物质文化遗产。2022年，武夷岩茶（大红袍）制作技艺列入联合国教科文组织人类非物质文化遗产代表作名录。

武夷山是世界自然与文化双遗产地，是乌龙茶的发源地，武夷岩茶是乌龙茶

---

① 亩为非法定计量单位，1亩=1/15公顷。——编者注

的始祖。武夷山还是首批中国优秀旅游城市和全国茶文化艺术之乡。这里碧水丹山，峭峰深壑，高山幽泉，烂石砾壤，迷雾沛雨，早阳多阴，"臻山川精英秀气所钟"，武夷岩茶独享大自然之惠泽，贡献给人们以独特的"岩骨花香"。武夷岩茶是国家原产地地理标志保护产品，分布在武夷山市10个乡镇，其传统制作技艺及习俗主要分布在星村、武夷、兴田、五夫、洋庄、吴屯、岚谷等乡镇。

作为传统技艺国家级非物质文化遗产，武夷岩茶传统制作技艺源于明末，成于清初。传统武夷岩茶制法包含十三道工序，即萎凋（两晒两晾）、做青（摇青、做手、静置）、炒青、揉捻、复炒、复揉、初焙、扬簸、凉索、拣剔、复焙、团包、补火。武夷岩茶为乌龙茶之上品，全国十大名茶之一。武夷岩茶重味求香，性和不

首批国家级非物质文化遗产：
武夷岩茶（大红袍）制作技艺

寒，耐藏耐泡，香久益清，味久益醇。外形条索紧结重实，稍扭曲，匀整、洁净，色泽绿褐油润或乌润，香气芬芳馥郁，具幽兰之胜，锐则浓长，清则幽远；汤色清澈明亮，呈金黄或橙黄，叶底软亮，红点红边明显，呈绿叶红镶边，暗褐呈蛤蟆背状，滋味啜之有骨，厚而醇，润滑甘爽，饮后有"味轻醍醐，香薄兰芷"之感，舒适持久，具有独特的"岩韵"。

茶文化特别是斗茶文化作为我国的传统文化具有重要的历史和现实意义。随着茶文化的发展，越来越多的人开始关注与之相关的产业发展，包括正趋于白热化的武夷岩茶这一传统非物质遗产的传承保护。

武夷岩茶作为民族文化的典型代表，其所具有的非物质文化遗产特性，是我国非物质文化在新产业的延伸和发展。从古至今对武夷岩茶的理论研究主要集中在经济、农业等领域，但就法学领域，武夷岩茶以茶文化为主形成的具有民族文化特色的非物质文化遗产的相关保护体制却捉襟见肘。因而，随着第三产业的崛起，以武夷岩茶为首的非物质文化遗产文明迫切需要我们进行实地深入调查研

究，为现存稀缺的非物质文化遗产提供更为有效的管理、保护和传承。随着全球化趋势的加强和现代化进程的加快以及我国生态文化发生的巨大变化，武夷岩茶这一非物质文化遗产的保护正在受到越来越大的冲击，有的正在不断消失，许多传统技艺已经或者正在濒临消亡，如"斗茶"、传统茶艺、制茶技艺等。因此，从理论上看，以武夷岩茶为代表的非物质文化遗产法律保护体制的构建，是传统民族文化的传承在学术上和制度上的需要。

近年来，随着交通的便利和发展，武夷岩茶以其独特的口感和民族文化底蕴输往各地，深受各地广大民众喜爱，其制作技艺作为非物质文化遗产具有稀缺性、不可复制性和非再生性。地方应积极制定武夷岩茶国家质量标准，制定实物标准样茶，创建实物防伪平台。

二、茶文化（茶事活动）推动旅游业的发展

武夷山为世界旅游胜地，茶文化、茶事活动不断强化，丰富了旅游的"娱""购"内涵；在旅游经济方面茶文化发挥了重要作用，如武夷山市春茶评比赛＋互联网加斗茶赛、海峡两岸茶业博览会、民间斗茶赛等。在举办茶事活动、接待或外出等场合，以茶为媒，以茶为礼，借以推动茶产业和经济的繁荣发展。

武夷山市春茶评比赛＋互联网加斗茶赛

三、科技开发旅游资源，丰富旅游景点内容

武夷山拥有颇具文化特色的景点，是以科技力量所创建的，如"御茶园"和"印象大红袍"等。早在20世纪80年代，武夷山市茶叶科学研究所科技人员在元代"御茶园"遗址建立"御茶园名丛观察园""武夷岩茶传统工艺初制厂""御茶园茶楼"，并修复元代御茶园标志性实物——"通仙井"。"御茶园名丛观察园"茶树品种是武夷山市科技人员发动群众从全市各产区的名丛中挖掘选育出来的。

❧ 御茶园名丛观察园

❧ 御茶园通仙井（吴心正 摄）

2010年武夷山市幔亭岩茶研究所为张艺谋导演《印象·大红袍》山水实景演出提供培训场所，并对首批表演者给予传统工艺的技术指导，取得圆满成功。

上述景点为人们提供了极好的实物观赏，对继承弘扬武夷文化很有意义，是明智的举措。如果再配合其他景点，如大红袍线路、九曲溪碑林、遇林亭（宋代兔毫盏）、宋街茶观、仙人一啜等地游览，往往会给人一种实地实物展现、身临其境的感觉，加深对武夷茶深厚根基、文化内涵的理解。许多游人通过茶楼、仙人一啜等地的品茶活动，对武夷岩茶的特殊生态、特殊品种、特殊工艺产生浓厚兴趣，并对岩茶品质特点和泡饮技艺建立了基本概念，将此概念转化为具体形式，学会操持小杯、小壶、嗅香试味，感受活甘清香，从而达到释躁平矜、怡情悦性的精神境界。

四、品种选育有效促进武夷岩茶品质优化

品种选育是茶叶优质基础。近三十年来，武夷山茶农和科技工作者对品种选育作出很大贡献。除了大红袍、水仙、肉桂三大当家品种外，主要是保护、开发和利用武夷名丛资源，引进新品种。武夷菜茶及其各类名丛群体，是历史形成的武夷岩茶，独特品质风格。名丛资源在20世纪40年代"五大名丛"的基础上，1981年武夷山市科研人员通过征集，并在御茶园遗址上建立起拥有165个名丛的"御茶园名丛观察园"，2011年武夷山市爱德华实验茶场又从中筛选出大红袍、铁罗汉、白鸡冠、水金龟、半天妖、武夷白牡丹、武夷金桂、金锁匙、北斗、白瑞香"武夷十大名丛"，并编撰了《武夷十大名丛》一书。

🍵 陈德华、刘宝顺、刘锋在御茶园名丛观察园

1980年武夷山市综合农场场长罗盛财开展了武夷名丛选育课题研究，在九龙窠、霞宾岩设置名丛、单丛资源圃。经多年观察、示范栽培后筛选出70个名丛。同时，将这70个名丛的原产地特征、特性等以图文结合的形式整理成《武夷岩茶名丛录》一书并正式出版，为人们了解和利用名丛资源提供了基础资料。

武夷山早年从外地引进的品种有黄旦、毛蟹、梅占、本山、佛手、桃仁、八仙茶、凤凰水仙、奇兰等，多数为中芽种。21世纪初从福建省茶叶研究所引进一批新育成杂交新品种，有黄奇、金观音、黄观音、紫玫瑰、黄玫瑰、金牡丹等，都为早芽种（紫玫瑰为中芽种）。上述不同时期引进的茶树品种，栽植面积约占武夷山总栽植面积的30%，其余70%的面积所栽植的是肉桂、水仙、大红袍三大当家品种与各类名丛。它们绝大多数为晚芽种，仅少数为中芽种和特晚芽种。

霞宾岩名丛圃（吴心正　摄）

茶叶科技界的专家学者们一致认为，做好现有品种和外来品种合理搭配，是保持和发展岩茶产品风格多样化的前提。今后应尽量利用现有品种资源，在保护、开发和利用武夷名丛资源的同时，引进适制乌龙茶特殊花香韵味、不同品质风格的新品种，做好品种搭配，释缓采茶季节高峰，整体提高武夷岩茶品质，促进武夷茶产业的稳定发展。

第二章

武夷山 自然
生态环境

名山出名茶，名茶耀名山，名山名茶交相辉映。武夷岩茶品质卓越，风格独特。

影响武夷岩茶品质的因素很多，从茶树品种、茶园栽培管理、鲜叶采摘、加工工艺、制茶器具、设备到拼配包装和贮运，贯穿整个茶叶生产和流通全过程。其中，自然生态环境（条件）是影响岩茶品质的主要因素。

自然环境是指与茶树生长发育有关的环境因素，主要指土壤、光照、温度、水分、地形、海拔和纬度等。此外，还有生态环境：植被、微生物、鸟类等生物和人类的影响。由于环境条件的差异对茶树体内物质代谢有一定的影响，不同生态条件下所形成物质成分的种类、数量和比例有所不同，与岩茶品质有关的许多化学成分，诸如氨基酸、咖啡碱、多酚类物质等，都会随着环境条件的改变而变化。

郭沫若有诗曰"幽兰生谷香生径，方竹满山绿满溪"，形象地赞誉了武夷山的生态环境。武夷山市东连浦城，南接建阳，西邻光泽，北与江西省铅山县毗邻，总面积2 798平方千米。全市森林覆盖率达80%以上，茶树生长区内的森林覆盖率达到95%以上。动植物资源十分丰富，植物种类近4 000种，是"昆虫的世界""蛇的王国"和"鸟的天堂"。

第一节　武夷山地理位置与地形

武夷山市（原崇安县）位于福建省北部，在闽、赣两省交界处，全境东西宽70千米，南北长72.5千米，东经117°37′22 ～ 118°19′44，北纬27°27′31 ～ 28°04′49。北纬30°地带被地理学家称为"神秘的纬度"，在这条黄金纬度的两侧是茶叶生长的黄金地带。世界乌龙茶和红茶的发源地——武夷山，就处在这条"黄金地带"，其全境为山地丘陵地貌，东、西、北区域是千山万壑，地势险峻，群山环抱，峰谷连绵，溪流迂回；中部、南部地势平坦，河谷山涧盆地众多，构成向南开口的马蹄形地形。武夷山市在武夷山脉的东南坡，是典型的中亚热带季风气候区，武夷山脉的北面阻挡了南下的冷空气，因此，武夷山的冬天比同纬度的内陆地气温相对更高。武夷山脉南坡是东南季风的迎风坡，水气充足，每年冷暖气流在此频繁交汇，降水充沛，气候总体温暖湿润。

闻名中外的武夷山风景名胜区在世界同类自然景观中独树一帜，方圆70平方千米，属典型的丹霞地貌，平均海拔650余米，四周皆溪壑，与外山不相连接，由三十六峰、九十九岩及九曲溪所组成。岩峰耸立，劈地而起，岩壁赤黑相间，秀拔奇伟，群峰连绵，翘首向东，势如万马奔腾，甚为奇观。澄碧清澈的九曲溪，迂回其间，九曲十八弯，山回溪折，真有"曲曲山回转，峰峰水抱流"之概，而沿溪两岸群峰倒影，尽收碧波之中，山光水色，交相辉映，"碧水丹山"实非虚构。

🌱 武夷山九曲溪（吴心正 摄）

武夷山有"奇秀甲东南"之称。早在六朝，顾野王于陈文帝天嘉年间（560—566年）奉使到武夷，就叹为"人世之罕见"。唐宋以来，历代文人雅士，以诗颂武夷者不计其数。武夷茶更为这"碧水丹山"之乡增添了新的诗意。

唐代李商隐（813—858）《武夷山》诗："只得留霞酒一杯，空中箫鼓几时回。武夷洞里生毛竹，老尽曾孙更不来。"前人题："武夷山水天下奇，三十六峰连逶迤。溪流九曲泻云液，山光倒浸清涟漪。"概括了武夷山的轮廓。

　　宋代朱熹《九曲棹歌》："武夷山上有仙灵，山下寒流曲曲清。欲识个中奇绝处，棹歌闲听两三声。一曲溪边上钓船，幔亭峰影蘸晴川。虹桥一断无消息，万壑千岩锁翠烟。二曲亭亭玉女峰，插花临水为谁容？道人不复阳台梦，兴入前山翠几重。三曲君看驾壑船，不知停棹几何年？桑田海水今如许，泡沫风灯敢自怜。四曲东西两石岩，岩花垂露碧㲯㲷。金鸡叫罢无人见，月满空山水满潭。五曲山高云气深，长时烟雨暗平林。林间有客无人识，欸乃声中万古心。六曲苍屏绕碧湾，茅茨终日掩柴关。客来倚棹岩花落，猿鸟不惊春意闲。七曲移舟上碧滩，隐屏仙掌更回看。却怜昨夜峰头雨，添得飞泉几道寒。八曲风烟势欲开，鼓楼岩下水萦回。莫言此地无佳景，自是游人不上来。九曲将穷眼豁然，桑麻雨露见平川。渔郎更觅桃源路，除是人间别有天。"对九曲山水做了全面描述。

　　地域差异对茶树生育和茶叶品质影响很大。不同纬度茶叶品质的差异主要是因气候条件不同所致。生长在武夷山茶区纬度的茶树，因年平均气温较低，茶多酚合成和积累较少，氨基酸、蛋白质等含氮物质相对较多，制作的岩茶品质较好。

第二节　武夷山土壤与气候

一、土壤及土壤酸碱度

　　武夷山之地质，属白垩纪武夷层，下部为石英斑岩，中部为砾岩、红砂岩、页岩、凝灰岩及火山砾岩五者相间成层。茶园土壤之成土母岩，绝大部分由火山砾岩、红砂岩和页岩组成。陆羽《茶经》称茶山之土"上者生烂石，中者生砾壤，下者生黄土"。武夷茶园土壤系烂石或砾壤，有机质和微量元素含量丰富。适宜的土壤造就武夷岩茶的优良内质。清人丁耀亢《武夷茶歌》："茶味生于水，茶质产于名。水石具清芬，厚薄有资始。"指出了武夷山的风土与茶叶品质的密切关系。同时，武夷山的茶园亦十分独特：利用岩凹、石隙、石缝，沿边砌筑石岸，构筑"盆栽式"茶园。

"岩岩有茶，非岩不茶"，"岩茶"因而得名。岩谷夹缝间的茶园土壤均为风化岩石，通透性好，含有丰富的微量元素，茶品岩韵明显，pH为4.5～6.5，酸度适中，叶片中叶绿素含量高，光合作用强，呼吸消耗相对较弱，对氮、磷、钾的吸收能力较强，茶树生长旺盛，有机物质的合成与积累较多。茶多酚是糖类物质经代谢转化而形成的，氨基酸是氮代谢的产物。因此，pH适宜，光合作用产物糖类含量增加，儿茶素、茶多酚含量较高，增进碳素、氮素的代谢，合成氨基酸数量也增多，为提高岩茶品质提供了优良的物质基础。反之，pH不适宜，茶多酚、氨基酸等与品质有关的成分含量明显降低，茶品质自然相应下降。

"三坑两涧"是武夷岩茶的核心产区，包括了牛栏坑、慧苑坑、大坑口、流香涧、悟源涧等，是武夷岩茶友们心目中的圣地所在，独特的山场气息令人回味无穷，经久不衰，主要是得益于这里优越的土壤和小气候条件。

"盆栽式"茶园

大坑口茶园

二、光照

光照对茶树生育和茶叶产量的影响是十分明显的。茶树生物产量的90% ~ 95%是叶片利用二氧化碳和水，通过光合作用合成碳水化合物，茶树经济产量的形成主要也是依赖光合作用。在达到光饱和点以前，光合强度与光照成正比。茶树在非常荫蔽的条件下发芽数少，分枝稀疏，产量很低。光照过强，超过光饱和点，茶芽生长瘦小，产量也不高。茶叶的品质均相应下降。

❥ 慧苑坑茶园

武夷山四周皆为溪壑，岩峰耸立，秀拔奇伟，群峰连绵，翘首向东，势如万马奔腾，堪为奇观，森林植被茂密，山间常年云雾缭绕，形成散射光多，早阳多阴，日照时间短，昼夜温差大，优越的自然条件是形成岩茶优秀品质的物质基础。光照对岩茶品质影响很大，就春茶而言，茶树的越冬芽3月中下旬开始萌发，5月上中旬春茶基本结束。这一时期自然光照、温度、湿度等均适宜茶树芽梢伸育和体内内含物质积累，所以，武夷岩茶以春茶的品质最好。

三、温度

茶树原产于我国云贵高原及其邻近的川、桂、湘等边区的深山密林中，那里具有典型的亚热带气候。茶树在长期系统发育过程中，形成了喜温、喜湿、喜散射光、耐荫等生态遗传特性。多数茶树品种的新梢在10℃以上开始萌发，适宜生长的温度是20 ~ 30℃，高于30℃，生长缓慢或停止，多数品种能耐−8 ~ 12℃的低温。在适宜的水分、光照和肥培等条件下，生长期内积温愈多，茶叶的产量愈高。

武夷岩茶茶区，气候温和，冬暖夏凉，年平均温度约在18℃，适宜茶树生长。气温对武夷岩茶品质的影响最明显，因为与武夷岩茶品质有关的许多化学成分都随着气温的变化而变化，如氨基酸的含量是随着气温的升高而减少，在一定温度范围内气温较低时，有利于蛋白质、氨基酸等含氮化合物的合成；若气温过高氨基酸分解速度加快，积累量减少，会影响根系对养分的吸收，从而影响氨基酸的合成，使由根部向地上部分输送的氨基酸数量减少。当然，气温对茶树体内物质代谢的影响不仅仅是氨基酸，对其他物质影响也是相当明显的，如具有清香的戊烯醇、己烯醇，在气温较低时形成较多，所以，春茶含量高于夏茶，春茶的香气更好，滋味醇爽，而夏茶滋味常显苦涩。

四、水分

生态系统是由各个生物和环境配合构成的，是以二氧化碳和水为原料，太阳作能源，制造出各种各样的物质。茶树在长期的系统发育过程中，形成了耐荫喜湿的特性。凡是生长在风和日暖、风调雨顺、时晴时雨的环境中，茶树生长发育好，茶芽生长快，新梢持嫩性强，叶质柔软，内含物丰富，加工制作而成的武夷岩茶品质优良。武夷岩茶茶区雨量充沛，年降水量约2 000毫米。山峰岩壑之间，有幽涧流泉，山间常年云雾弥漫，年平均相对湿度约80%。正如沈涵《谢王适庵惠武夷茶》云："香含玉女峰头露，润带珠帘洞口云。"优越的自然条件孕育出武夷岩茶独特的韵味。

在低洼地积水的茶园，茶树遭受湿害后根系的吸收能力降低或完全丧失，影响枝叶生长，造成对夹叶增多，芽尖低垂、萎缩，从而严重影响茶叶品质。

🌱 九曲溪边茶园

五、海拔

海拔高度对茶叶品质的影响，实质上是通过气候造成的。一般海拔每升高100米，气温降低0.6℃。武夷岩茶茶区平均海拔650余米，茶园由于日夜温差大、高湿、云雾多，日照时间短，漫射光强，对碳氮代谢途径改变、代谢速率起抑制作用，但对维持新梢组织内高浓度的可溶性化合物是有利的，并能减慢纤维素的合成作用，为创造优质武夷岩茶打下了良好基础。

第三节　保护与改善茶园生态环境

茶产业的健康可持续发展是以生态环境为基础的，只有科学合理地开发种植，才能使茶叶经济持续增长，充分发挥地方优势产业的经济效益。近年来，茶山开垦过度，违法违规开垦茶山的情况屡禁不止，必须下决心严厉打击整治。

违法违规开垦茶山主要是破坏了生态环境。武夷岩茶、红茶优越的品质，正是来自武夷山得天独厚的自然生态环境。武夷茶过去都是栽种在坑涧里，人们利用谷地、沟隙、岩缝开园种茶，并垒砌石壁，构筑"盆栽式"茶园。由于长年冲积，沟谷土地富含有机质和矿物质。这样的小环境，植被茂密、幽涧流泉、气候温和、雨量充沛，非常适宜茶树生长。前人不会将茶园开辟在山岗、山坡上，正所谓"臻山川精英秀气所钟，品具岩骨花香之胜"，说明武夷山先人的生态环境意识非常强。而现今，由于武夷岩茶深受广大消费者的认可和喜爱，武夷岩茶的市场发展强劲，有些武夷岩茶生产者因利益驱使，单纯追求产量，忽略了综合经营，违法违规过度开垦茶山，全然不顾保护生态环境，提升鲜叶自然品质，居然用挖掘机上山进田机械化连片开垦，甚至毁林毁田种茶，植被大面积受破坏，物种单一化，违背了物质循环、能量转化和价值增值的生态经济原理。这样的茶园易发病虫害，茶叶品质差，水土流失严重，千百年来逐渐形成的良好生态很难恢复。

稻田改种茶后果严重。从大局讲，稻田是天然的蓄水池，改为茶园后，失去了蓄水的功能，致使土地干旱，河流断水，生态破坏；从小处讲，由于种水稻使用的农药、化肥，与茶叶所用的不一样，有的农药、化肥适合在水稻上使用，但很多不宜用在茶树上，有一些农药、化肥甚至是茶树禁用的。这些农药、化肥有的会残留在农田土壤里，必然造成茶叶农残超标，严重影响茶叶质量，甚至导致安全问题。

生态保护好了，武夷茶才能持续发展，永续利用，正所谓"绿水青山就是金山银山"。如何构建茶园复合生态系统，创造一个光、热、气、水协调的微域气候，改善光量与光质条件，既符合茶树生长和发育的要求，又能增加单位面积经济收益，是一个值得重视的问题。笔者在此提出如下几点建议。

一、营造防护林和遮阴树

茶树原生长于亚热带大森林里温湿条件下，属于半阴性植物。长期以来人类尽管进行栽培，改变了原来的生长环境，使其外形和内部构造发生了一定的变化，但在个体生长和发育过程中，对其原有生态条件仍有明显的要求。因此，在茶园四周或其内部设置防护林和遮阴树，不仅能防止寒流侵袭，减少地表径流，保持水土，增加土壤水分和养分的积蓄，而且可以起到遮阴的作用，改善茶园小气候，减少直射光，增加茶园内的漫射光，有利于含氮物质形成，碳氮比值减小，有助于有机质积蓄，促进茶芽萌发，提高鲜叶嫩度。

在炎热的夏季，由于树冠阻挡，风速减弱，茶园内空气流动减少，从地面和茶树体内蒸腾的水分，一时不易向外散发，可增加湿度，降低温度。植遮阴树的茶园，茶芽萌发多，嫩度好，产量高。据研究，当遮阴度达30% ～ 40%时，可促进有机物积累，碳代谢受到抑制，糖类、多酚类含量下降，氮代谢增强，全氮、咖啡碱、氨基酸含量增加，有利于岩茶品质提高。

茶园遮阴树

护林树种以橘、柚、桃、板栗、合欢、桂花为佳，木质好，病虫少。栽种时可以常绿树和落叶树间种。茶园外围可种马尾松、湿地松，间植合欢、板栗、枇杷、柚子、桂花等。

二、间种绿肥和铺草

🌱 燕子窠茶园套种油菜

由于土壤管理不合理，用地不养地，输出大于输入，会造成茶园土壤有机质贫乏，肥力降低。茶园套种绿肥，能改良土壤理化性状，防止水土流失，有保肥造肥、蓄水防旱作用，是养地的一种极好的办法。

成龄茶园，采用行间铺草方法，是培养地力、调节地温、改善土壤结构的有效措施。铺草不仅能提高土壤肥力，增强蓄水保水能力，而且可以使地温在夏季降低，在冬季升高，有利于鲜叶内含物质的增加，提高武夷岩茶品质。

三、改善茶园水利条件

众所周知，水是光合作用的条件之一，也是光合作用生化过程的介质。茶树缺水生长受到抑制，芽叶生长缓慢，叶形变小，节间变短，对夹叶增多，甚至出现脱叶现象。如能改善水利条件，在旱季进行灌溉，不但可以增加茶树水分供应，还能有效地改变茶园小气候，降低地温，提高地湿，使糖类不易缩合成纤维，有利于含氮化合物的合成，提高鲜叶嫩度。

总之，因地制宜，综合利用，努力从改善生态环境出发，逐步使茶园环境"园林化"；加强防护林和遮阴树的建造，从培养地力，改良茶树土壤环境着手，加强茶园水利建设，是保护生态，改善环境的重要措施。

作为岩茶工作者、生产加工者，今后须把注意力引向重视茶园生态建设上，在提高茶园单位面积产量的同时，努力提高单位面积经济效益，要依照价值增值的生态经济原理和规律去发展茶产业。

第三章

武夷岩茶品种

武夷山素有茶树品种资源王国之称，这里出产的武夷岩茶品质优异，属乌龙茶中的珍品，驰名中外。形成武夷岩茶优异品质的主要因素，除了良好的环境，独特的工艺，便是适制岩茶的茶树品种。优良的茶树品种是形成武夷岩茶"岩骨花香"优异品质的内在因素，也是武夷岩茶发展的根本和基础。

第一节　武 夷 菜 茶

　　武夷岩茶品种原产始于何时？据《崇安县新志》记载："武夷茶原属野生，非人力所植，相传最初发现者为一老人……老人初献茶，死为山神享庙祀。"范仲淹《和章岷从事斗茶歌》所载："溪边奇茗冠天下，武夷仙人自古栽。"所谓"武夷仙人"当指武夷茶区远古先祖，有传说是武夷君、彭祖。据胡浩川考证，武夷菜茶由野生种演变而来。庄晚芳教授认为武夷茶早为古人所栽，或可能引自浙江乌龙岭。

　　菜茶是武夷茶之母，是武夷茶有性繁殖茶树群体的统称。意思是这些茶就像门前门后所种的青菜一样普通，只供日常饮用。在武夷山的自然环境中，由于各茶树是异花授粉，经过长期自然杂交途径实现基因重组与突变，结下茶籽千变万化。茶农素来采用播种繁殖，繁育的后代发生变异，生长成千姿百态各自不同的茶树，这就是菜茶产生的过程。

🌿 鬼洞菜茶

武夷菜茶属于有性系，灌木型，中、小叶形，形态各异，多而复杂，二倍体。产量较低，抗旱性与抗寒性强，结实性较强。可以制作乌龙茶，也可制作红茶和绿茶等。

据林馥泉《武夷茶叶之生产制造及运销》记载，菜茶就树势而分：有立直高大在四五米者，有匍匐于地上仅尺[①]许者，有张开如伞者，有扩展如飞鹰，有局促如矮黄杨木，其形状不一而足。以枝干而分：有干细小直立如线香，有干粗达2寸者，有干屈曲柔软者，有粗糙刚直者，有分枝稀少者，有枝条茂盛者。就叶生长形态而分：有狭尖如柳叶者，有叶缘下垂、表面绵绵无光者，有叶面平整清淡者，有皱厚浓绿、叶底有生细毛与无生细毛者。以发芽时期而分：发芽较早者，在清明前十数日，即开始萌芽，清明后数日，即可采摘，所制之茶，称为"清明茶"；迟者，在谷雨前后伸芽，当须至小满后二三日始可采摘，是以有所谓"不知春"名。迟早之差，达40日之久。惟通常多在清明前数日伸芽。以开花时期及性状而分：花期早者9月中下旬即开，迟者至翌年2月间尚在开花。花瓣为五瓣、六瓣、七瓣之分。有密生而小，有疏生而大。以结果性而分：果有实自一粒至五粒者，通常以二三实为最多。有开花密密而不结一果者，或有果而无实者，有结果累累使枝条无法支载者。凡此种种不同之形态，系品种固有之特性，抑或受外在环境所影响而致之，有待精密的调查研究。今以叶片外形为准，就佛国、水濂洞、慧苑等岩于向阳而外在环境未见如何特殊者之茶园中，调查所得，足以为一般菜茶之代表者：武夷菜茶代表种、小圆叶种、瓜子叶种、长叶种、小长叶种、水仙形种、阔叶种、圆叶种、苦瓜种，计九种。

第二节　武夷名丛

武夷山丰富的茶树种质资源是在优越的自然生态环境条件下，经过物竞天择留下的宝贵财富。

---

① 尺、寸为非法定计量单位。3尺=1米，1尺=10寸。——编者注

　　武夷名丛其形成过程充满了"天人合一"的人文色彩。或是人为播种，或是因风摇曳，或是顺水飘零，或是飞鸟衔落，远古的野生茶籽被零星地洒落在武夷山间。每一颗茶籽都在合适的时间、合适的地点，落地发芽生根成长。其根系与其他植物共飨岩石中的营养成分，盘根交错，互通有无；其枝叶在和其他草木竞享天地灵气；茶树花粉通过昆虫、小鸟传播，风吹或雨露均沾，互授花粉。这种自然的、从不间断的有性繁殖和群体交融，因地而异，因时而殊，从而在碧水丹山的大自然生态和高山坑涧错落的小环境中，诞生出了武夷岩茶众多优异的种类——名丛。

　　从武夷菜茶有性群体中选择具有优良品质的茶树，通过无性繁殖方法培育成功的茶树就是单丛，又从单丛中择优选出的优良单丛就是名丛。

　　改良品种是保障优质茶品质的基础。近30年来，武夷山茶农和科技工作者对品种选育作出很大贡献，除了大红袍、水仙、肉桂三大当家品种外，主要保护、开发和利用了武夷名丛和外引新品种。武夷菜茶及其各类名丛群体是历史形成的，品质风格独特。1940年原福建省农业改进处茶叶改良场由福安迁到崇安县，组办示范茶厂，1942年中央茶叶研究所也迁移到此，建立企山茶树品种观察圃，收集省内外44个品种。

武夷山市（原崇安县）单位与个人收集保护单丛、名丛资源表

单位	时间	地点	品种圃（数量）	收集人	备注
崇安茶场	1961年	崇安茶场第一作业区	试验基地（包括大红袍）名丛28个	陈必乐等	现无存
	1962年	崇安茶场第七作业区	茶树品种园收集名丛和品种材料51个（其中大部分是名丛材料）	姚月明等	现无存
崇安县（市）综合农场	1980年	九龙窠	新建名丛圃2.1亩，收集栽种名丛无性系材料112个	罗盛财等	现存
	1990年	霞宾岩溪仔边	历时3年，建立武夷菜茶单丛种质资源圃10.5亩，共收集栽种单丛资源无性系1 066份	罗盛财等	现存

（续）

单位	时间	地点	品种圃（数量）	收集人	备注
崇安县（市）茶科所	1960至1963年	崇安县茶科所	先后开展肉桂名丛无性繁殖	朱寿虞、李光玉、陈德华等	现存
	1972年	五曲晒布岩	建立品种园1.5亩，收集栽种（包括名丛）全国各地茶树品种50余种（1981年随茶科所迁址改种）	陈德华等	现无存
	1981年	御茶园旧址	建品种茶园5亩，收集栽种各地茶树品种、名丛、单丛等共150余种	陈德华等	现存
武夷山市龟岩种植园	1994年以来	龟岩	收集、保护种植名丛单丛106种（包括选自原中央茶叶研究所企山茶树品种观察圃的单丛资源8种和经过审定的现有珍稀武夷名丛70种）	罗盛财等	现存
天心村	20世纪90年代	天心村	种植保留部分特有的名丛、单丛茶树类型	叶天宝、魏喜财、李福金等茶户	现存
	2010年前后	幔亭、武夷星、兴舒、武夷学院等	先后从武夷山市龟岩种植园或九龙窠名丛圃引种部分名丛种植展示	刘宝生、冯卫虎、陈家兰、王飞权等	现存

　　在20世纪40年代"五大名丛"基础上，1980年武夷山市综合农场的科技人员开展了"武夷名丛选育"课题研究，在九龙窠、霞宾岩设置"名丛、单丛资源圃"。1981年武夷山市科研人员通过征集，在御茶园遗址上建立起拥有165个名丛的"御茶园名丛观察园"。经过多年观察、示范栽培后筛选出70个名丛，并将这70个名丛的原产地特征、特性等以图文结合的形式整理出版了《武夷岩茶名丛录》一书，为人们了解和利用名丛资源提供了基础资料。

　　繁育栽培的名丛主要有十多个，包括传统五大名丛：大红袍、铁罗汉、白鸡冠、水金龟、半天妖，以及白牡丹、白瑞香、金锁匙、玉麒麟、北斗、雀舌等。这些名丛搭配栽培面积占总面积的10%～15%。大红袍一直属"名丛"范畴，

2012年通过审定，成为福建省优良茶树品种。

🌱 龟岩名丛园（吴心正　摄）

一、白鸡冠

1. 名称来历　相传当时有一知府携眷往崇安之武夷，下榻武夷宫，其子忽染恶疾，腹胀如牛，医药罔效，官忧之。其后有寺僧端一小杯茗，啜之特佳，遂将所余授病子。问其名，僧答曰白鸡冠也。后知府离山赴任，中途子病愈，及悟为茶之功。于是奏于帝，并商其僧索少许献于帝，帝尝之大悦，敕寺僧守株，年赐银百两粟四十石，每年封制以进，遂充御茶，至清亦然。后民国继起，清帝逊位，白鸡冠亦渐枯槁，好事者咸谓尽节以终矣。其后又从根茎处发芽长新枝，得以相传至今。

2. 原产地　白鸡冠母树产于山中火焰冈下之外鬼洞中，为慧苑岩东厂所有。相传白鸡冠明代已有，早于大红袍。

3. 生物学特征特性　树势不大，视其枝并不粗老，可知年代并不甚远。于茶园中特砌筑一长宽各5尺之四方石座以畜其株，挺秀园中有"唯我独尊"之势。树高175厘米，树冠直径200厘米，主干粗者有2.5厘米，色呈灰白。表面粗糙，枝干坚实，分枝颇多，生长旺盛。其枝下直上曲，枝节距离较短，为1.2～1.5厘米。叶色略呈淡绿，幼叶绵薄如绸，其色浅绿而微显黄色。叶面开展，略向上伸。色素无光。叶肉与叶脉之间隆起，叶缘略向上向内翻起，叶尖端略钝。叶长平均为7.2厘米，幅宽2.6厘米。锯齿密而钝，齿数平均三五对，主脉粗而显，侧脉细而旺，脉数5～8对。花稀少，花期自11月下旬至12月上旬。花瓣色乳白，大5片小2片，大瓣长1.5厘米，幅宽1.4厘米。花丝细长，仅7～9

外鬼洞白鸡冠母树（吴心正　摄）

毫米。柱头长1厘米，于五分之三处分为3裂，较高于花药。子房表面茸毛甚密。花萼6片，长宽约5毫米。花梗长1厘米。

二、铁罗汉

1. 名称由来　武夷山慧苑寺一僧人叫积慧，擅长铁罗汉茶叶采制技艺，他所采制的茶叶清香扑鼻、醇厚甘爽，啜入口中，神清目朗，寺庙四邻八方的人都喜欢喝他所制的茶叶。他长得黝黑健壮，身体彪大魁梧，像一尊罗汉，乡亲们都称他"铁罗汉"。有一天，他在蜂窠坑的岩壁隙间发现一棵茶树，那树冠高大挺拔，枝条粗壮呈灰黄色，芽叶毛茸茸且柔软如绵，并散发出一股诱人的清香气。他采下嫩叶带回寺中制成岩茶，请四邻乡亲一起品茶。大家问："这茶叫什么名字？"他答不上来，只好如实道来。大家听后认为，茶树是他发现的，茶是他制作的，此茶便称"铁罗汉"。

2. 原产地　铁罗汉原产于慧苑岩之内鬼洞。自从清乾隆年间问世至今，已经二百余载。慧苑岩西厂所属之内鬼洞（亦称蜂窠坑），两边崖壁甚高，茶即产于一狭长丈许地带，边有小涧水流（竹窠岩亦有一株与此齐名）。

3. 生物学特征特性　树甚高大，生长颇茂盛。植株高330厘米，树冠直径290厘米，主干15根，干粗约3厘米，皮呈灰黄色，表面粗糙，分枝虽盛，然而不密。枝干细直朝天，枝干夹角成40°。叶大而长，平均长为8.1厘米，幅宽3.3厘米，叶色油绿有光，叶形平展，叶尖钝，尖端弯曲下垂，叶肉隆起，略皱。脉粗而显，侧脉共8对，锯齿钝略显。齿数28对。叶底生有细绒毛。幼芽肥嫩，鲜叶柔软绵绵。花蕊无多。花期甚迟，通常于12月初开放。花冠不大，径25厘米，花瓣有大者3片居上，小者4片居下。花丝细短，长5～8毫米，计186个，柱头长1厘米，3裂，较长于叶。子房表面着生茸毛甚密。花萼浅绿色，计6个，长宽各4毫米。花梗长13厘米，结实性不强。

三、水金龟

1. 名称由来　传说有一天，瓢泼的大雨刚停，磊石寺里一和尚便外出巡山。他举目四望，突然眼前一亮，看到兰谷岩的半岩上有一簇碧绿茶丛，绿光闪闪，像是一只大金龟趴在岩壁间的坑边喝水。这和尚在磊石寺修行多年，对寺周一草一木均了如指掌，眼前突然多出这么一丛碧绿生辉之物，惊喜无比，便小心翼翼地挂着竹竿，慢慢走近观察，越走近看得越分明，原来是雨水从山上冲下一棵神奇的茶树。这棵茶树与其他茶树不同，那张开的枝条错落有致，近看像龟甲上的条纹，远看茶树的绿叶厚实浓密，油光发亮，更像一只大金龟。这和尚越看越爱，连忙跑回寺中禀报方丈。老方丈上通天文，下知地理，闻讯急令巡山和尚击鼓鸣钟，召集全寺人员，并告知："玉皇大帝给我们送来金枝玉叶，快穿上袈裟，列队迎宝。"全寺和尚跟着方丈燃烛焚香，念着佛经来到牛栏坑，向从天而降的茶树行礼参拜，并搬来砖石，在茶树周围砌上茶座，其后每天派人轮流看护。老金龟从天上一到人间便受到和尚们的礼遇，内心喜悦。为了报答和尚的盛情，老金龟所变的茶树越长越旺，其绿叶如碧玉，阳光一照，金光闪闪，活像一只大金龟。这棵茶树所制的茶韵味奇佳，被命名为"水金龟"。不久，"水金龟"便从武夷岩茶诸多名丛中脱颖而出，成为磊石寺添财进宝的一株"宝树"。

🌱 牛栏坑杜葛寨水金龟母树

2. 历史遗迹　水金龟茶树原长于牛栏坑杜葛寨峰下半崖上，为兰谷岩所有。相传此茶树原系属天心岩产，植于杜葛寨下。某日大雨倾盆，峰顶茶园边岸坍塌，此茶树被水冲至牛栏坑头之半岩石凹处止住，兰谷山主遂于此处凿石设阶，砌筑石围，壅土以蓄之。1919—1920年，天心庙和兰谷岩双方就归属诉至法庭，多次诉讼，耗资千金，经法庭判定非人力，乃自然力所为，判归后者。从此水金龟声名大振。

3. 生物学特征特性　树茶之石座离谷地面约10米，位于往天心岩步上坑头之大路边上。石阶适穿过路侧，故管理操作无须另凿阶而上，由路侧跨越三四步即至。树座面积约2平方米，中壅砂质壤土，颇见润湿。树计3株，丛生一处，树势朝北，高200厘米。树冠略披张，冠径宽300厘米，主干十余本，直立颇粗，皮色灰白。枝条略有弯曲，分枝颇盛。枝干着生角度约70°，枝叶着生角度70°～80°。叶长圆形，质稍薄而脆。叶平展翠绿色，有油光。叶缘略起波状。叶尖稍钝。叶肉略隆起。主脉稍粗而显，侧脉较细亦显，脉数8～10对。锯齿深而疏，齿数自21～29对不等。叶长7.2厘米，幅宽2.8厘米。叶缘向上斜。花蕊不多，花期稍迟，自10月下旬至12月上旬。花朵细小，花冠径3厘米，瓣大片者5瓣，小片2瓣。瓣长1.3厘米，幅宽1厘米。花丝细密，计260个，长5毫米。柱头与花药同高，3裂。子房表面密生细毛，花萼浅绿色，叶5片，长4毫米，幅宽5毫米，花梗长1厘米。

四、半天夭

1. 名称由来 相传其名来源于明代永乐年间。据说天心永乐禅寺方丈一日偶得一梦，梦见一只洁白的鹞，嘴里含着一颗闪光的宝石，被一只巨鹰紧追不舍后将宝石落在三花峰的半山腰上。为了证实梦的灵验，方丈派了一位小和尚登峰寻找。小和尚从蓑衣峰旁翻越至三花峰顶，而后费尽周折，用绳索爬到三花峰的半山腰寻找宝石。"功夫不负有心人"，终于在一块突起的峭壁上发现一颗棕色的茶籽已开始萌芽长根。小和尚小心翼翼地拾起，带回庙中交给方丈。方丈亲自培植茶苗，待长到尺余高，仍由小和尚将其移栽上去。因为方丈认为此茶籽系鹞鸟所赐予三花峰的半山腰，不可强占，又似半空中的一株茶，所以命名为"半天鹞"。

🌱 三花峰半天夭母树（吴心正　摄）

2. 生长地势及历史遗迹 据林馥泉《武夷茶叶之生产制造及运销》记载：树产于中山三花岩之第三绝顶崖上，其地势之险峻，为任何产茶地之冠，笔者与邱君调查此树，为调查品种中之最费力者。欲见其树须由三花岩脚顺一宽仅100厘米左右之岩隙，侧身而上，自岩脚至顶曾用九阶扶梯相接五次始得登，而后复沿崖缝爬登约三四丈[①]许，始见一长约二丈许、宽七八尺峰截平地，再上又属绝崖，非人力所能登。此处离九龙窠地面约150米，植茶之处仅见沙土一堆，量土层不及四尺，系由三花岩顶随雨水冲下积聚，是处甚为干燥，半天夭即产于土堆之中。笔者与邱君俯视深谷，仰瞻绝崖，不约而同咋舌嘘曰："半天夭道地之半

---

① 丈为非法定计量单位。1丈=3.33米。——编者注

天夭也。"相望而笑，半天夭之正丛，因地势关系，茶户疏于管理，且因是处地位高燥，并受天牛之啮害，主干几全枯死，仅存旁枝十本，且生育至为衰弱，绿叶稀稀，显示"半天夭"之黄金时代已逝。母树之北侧三尺许有副本二，生长较旺。据领路调查之磊石岩包头相告：相传此树非人所植，系飞鸟由他山喙衔茶籽，落此地生也。经若干年代，听其自生，未被发现，后有天心岩樵夫一日由三花岩顶，以绳攀坠是处采薪，始被发现，归告其僧主，是故此茶曾数年由天心岩采摘，后于清代三花岩业权转属漳州林奇苑所有，始兴争回，且闻曾经一度公庭讼陈，诉讼费耗费千余金。此茶自来未加管理，采时因岩缝过狭无法使用茶篮，采工系身挂一布袋扶梯而上，采摘正副三株，计年采茶约12两。

3. 生物学特征特性　母树高151厘米，树冠枝张直径194厘米。枝干颇粗，直径达3厘米。干皮灰白、粗糙，寄生有苔藓。枝条略呈弯曲，着生颇疏。枝干着生角度约80°。枝叶着生角度为60°～70°，节距2.5厘米。叶长椭圆或椭圆形，叶长8.9厘米，幅宽3.4厘米，叶色深绿或绿，富光泽，幼叶呈深红色，叶面微隆起，叶缘平，叶身稍内折或平，叶尖渐尖或稍钝，节间短，锯齿深而疏，齿数28～34对，叶质较厚脆。脉细而显，脉数7～9对，一芽三叶百芽重约57克。开花尚多，花期在9月下旬。花冠直径3.3厘米，花瓣7瓣，子房茸毛多，花柱3裂，结实性不强。

半天夭茶树抗旱性和抗寒性强，扦插繁殖力强，成活率高。芽叶生育力较强，发芽较密，持嫩性较强。一芽三叶盛期在4月下旬，产量中等，春茶一芽二叶，干样约含氨基酸3.5%，茶多酚28.2%，咖啡碱2.9%。稍经贮存具橘皮香。

林馥泉《武夷茶叶之生产制造及运销》记载武夷慧苑岩茶树花名有：铁罗汉、素心兰、铁现音、不见天、醉西施、白月桂、正太仓、水葫芦、夜来香、金狮子、红月桂、瓜子仁、醉贵妃、赛文旦、正雪梨、巡山猴、绿蒂梅、正碧梅、过山龙、醉海棠、醉毛猴、正太阳、金丁香、仙人掌、桃红梅、正碧桃、瓜子金、醉洞宾、白雪梨、正太阴、并蒂兰、正芍药、正瑞香、绿芙蓉、白杜鹃、副独占、碧桃仁、正玉兰、白射香、白吊兰、绿莺歌、金观音、正蔷薇、月月桂、红孩儿、

白奇兰、粉红梅、金柳条、绿牡丹、正黄龙、大绿独占、罗汉松、白瑞香、正肉桂、

石乳香、正毛球、正珊瑚、水金钱、莲子心、苦瓜、石中玉、不知春、万年红、

正木瓜、万年青、石观音、水金龟、正梅占、四方竹、满树香、奇兰香、虎耳草、

一枝香、龙须草、金钱草、观音竹、月上香、八步香、四季香、英雄草、千里香、

满山香、灵芝草、叶下红、满地红、满江红、太阳菊、渊明菊、精神草、日日红、

半畔菊、老来红、状元红、沉香草、东篱菊、凤尾草、蟹爪菊、水沙莲、午时莲、

佛手莲、千层莲、八角莲、瓶中梅、岭上梅、出墙梅、庆阳兰、莺爪兰、石吊兰、

四季兰、玉蟾蜍、金蝴蝶、金石斛、金英子、金不换、玉狮子、玉麒麟、玉连环、

红海棠、红鸡冠、红绣球、虎爪黄、玉孩儿、绿芙蓉、大桂林、水中蒲、绿菖蒲、

水中仙、老君眉、老来娇、老翁须、点点金、向日葵、剪春罗、剪秋罗、国公鞭、

蟾宫桂、孔雀尾、万年松、关公眉、马尾素、七宝塔、珍珠球、叶下青、人参果、

石莲子、吊金龟、双凤冠、威灵仙、过江龙、佛手柑、双如意、提金钗、小玉桂、

一枝春、一叶金、翠花娇、蓝田玉、落阳锦、节节青、王母桃、花藻石、紫金冠、

石钟乳、隐士笔、同心结、竹叶青、洞宾剑、天明冬、不老丹、马蹄金、五经魁、

芭蕉绿、西园柳、虞美人、夹竹桃、香茗蕊、天南星、小桃仁、云南碧、絮柳条、

梧桐子、宋玉树、步步娇、笑牡丹、莲花盏、夜明珠、绣花针、观音掌、紫金锭、

名橄榄、紫木笔、迎春柳、野蔷薇、山上蓁、十八草、墨斗笔、醉和合、魂还草、

胭脂米、醉水仙、白苍兰、白豆蔻、白杜鹃、白玉梅、金紫燕、金沉香、白玉笋、

白玉簪、玉樱桃、白茉莉、赛龙齿、赛羚羊、赛珠旗、赛玉枕、赛洛阳、出林素、

玉如意、玉美人、正水枝、正玉盏、正斑竹、正玛瑙、正参须、正荔枝、正松罗、

正白毫、正紫锦、正长春、正束香、正琉璃、正坠柳、正浮萍、正银光、正唐树、

正荆棘、正罗衣、正棋楠、红豆叩、玉兔耳、岩中兰、七宝丹、五彩冠、白玉霜、

向东葵、海龙角、倒叶柳、蕃芙蓉、初伏兰、向天梅、玉堂春、虎爪红、月月红、

正青苔、正白果、正凤尾、正萱草、正桑葚、正次春、正山栀、正石红、正石蟹、

正郁李、正蟠桃、正墨兰、正竹兰、正玉菊、大夫板、万年木、君子竹、紫荆树、

千年矮、九品莲、金锁匙、水洋梅、水底月、月中仙、四季竹、忘忧草、正唐梅、

玉女掌……等830余名。

第三节　武夷岩茶主要品种

一、水仙

水仙茶树原产于福建建阳小湖镇大湖村，水仙茶母树高约2米，满树绿色葱葱，生机勃勃。树旁边立着一块石碑，上面刻着"水仙母树"四个大字，落款为"黄子峰1988年立"。据林今团介绍：黄子峰是民国时期水吉县议会议员，在小湖镇有大片茶山和茶庄，1949年离开大陆，现定居澳门，他十分关心水仙茶母树的生长情况，1988年特地回乡看望水仙茶母树，发现当地为了开发橘子果树，将原来水仙茶母树的一片茶园开辟为橘子园，他及时留下了一株水仙茶母树，并在旁边竖碑告诫后人，要保护水仙茶茶种。

水仙茶树人工栽培是距今三百多年前的清代康熙年间（1662—1722）。1985年全国农作物品种审定委员会认定水仙为国家级茶树优良品种，编号为GS13009—1985，居48个"中国国家级茶树良种"之首，也是全国41个半乔木大叶型茶树良种之首。该品种为无性系良种，小乔木型，大叶类，迟芽种，三倍体。香如兰花，滋味醇厚。推广引种至全国多个省份。水仙大致可分为四个类型：武夷水仙、闽北水仙、闽南水仙和漳平水仙，水仙高产优质，抗性强，制出的茶品质稳定优良，深受广大消费者的喜爱。

1. 水仙溯源、传播与发展　清代道光元年（1821）瓯宁县禾义里大湖（今建阳小湖镇大湖村）茶农苏氏到邻村祝墩村岩叉山砍柴，在山顶祝桃洞口发现一株茶树，并折枝插植成活，后以压条和茶枝育苗，并以乌龙茶工艺采制，香气奇特，品质优于其他品种。因"祝"字近似当地方言"水"，"祝桃仙"被演化成"水仙茶"，一直沿用至今。《瓯宁县志》记述："水仙茶出禾义里（今小湖镇），大湖之大山坪。其地有岩叉山，山上有祝桃仙洞。西乾厂某甲，业茶，樵采于山，偶到洞前，得一木似茶而香，遂移栽园中。及长采下，用造茶法制之，果奇香为诸茶冠。但开花不结籽。初用插木法，所传甚难。后因墙倾，将茶压倒发根，始悟压茶之法，获大发达。流通各县，而西乾之母茶至今犹存，固一奇也。"

武夷山水仙茶树

根据现代茶界泰斗张天福先生《水仙母树志》(1939)一文所载：水仙原产于福建水吉大湖村（今南平市建阳区小湖镇大湖村）。早期传播至建阳、武夷山、建瓯、顺昌、邵武、浦城、松溪、政和等闽北各地，后陆续向永春、德化、安溪、南安、华安、漳平等闽南、闽西，以及闽中三明、尤溪、永安、大田、沙县，闽东福安、宁德、柘荣等地发展。目前全省约有30个县市种植水仙茶，分布面积超过13 340公顷。广东、浙江、安徽、湖南、四川及台湾新竹、台北等地均引种栽培。水仙品种从起源至今，已从一个地方品种跃居成为全国性良种。早在1915年，水仙便获得巴拿马国际博览会金奖，当代茶圣吴觉农先生赞扬水仙为"闽茶望族"。

水仙在武夷山茶区种植的历史久远，约在光绪年间水仙品种传入武夷山，至今有100多年历史。目前，水仙茶是武夷岩茶中栽培面积最广、产量最高、传播最广的品种之一。水仙茶树几乎遍布武夷山所有的茶区，约占武夷山茶园总面积的40%，是武夷山茶区的当家品种。

2.生物学特征特性　据林馥泉调查所得，水仙茶品种可分为三种：一是大叶种，此种叶最大，发芽最早；二是长叶种，叶片稍细长，幅宽较前者狭小，发芽也较前者迟数日；三是圆叶种，叶近圆形，萌芽又较长叶种迟数日，三者除叶形及采摘期有差异外，很难看出有其他不同的特征。水仙树高，枝干直立，质脆，树最大者高有3米，幅宽有5米（山中广宁岩天井中之二丛谅为全山水仙树中之最大者，此即指此二丛而言），主干直径11厘米。老枝呈灰白色，幼嫩枝条稍呈红褐色。枝条节间距疏，着生角度约60°。叶大，最大者长15.7厘米，宽

7.8厘米，普通者长10.5厘米，叶面平滑，浓绿有油光。叶脉粗而隐，数8～12对。锯齿较深、略疏，数29～46对。叶端尖长，间亦有圆钝者。叶背绿色，着生多数白毛，幼嫩叶呈紫红色。叶底多生白绒毛。开花期早，花甚多，而不易结实。

花朵较菜茶大，幅宽达5.4厘米，花瓣乳白色，4～6片，长幅各2.7厘米。花丝计294个，长1.5厘米。较菜茶花丝略长而肥大。柱头稍高于药，长1.7厘米，在柱高五分之二处分3裂，分裂支柱直立，与普通之菜茶奇兰柱头3裂之斜向全然相异。子房表面着生毛茸甚密。花萼绿色5片，每片上有深隙，初观之有如3裂，长0.5厘米，幅宽0.9厘米。花梗甚短，长仅1厘米。

二、肉桂

1. 茶树品种的由来　武夷肉桂品种选育于武夷菜茶有性群体，清代就列为千百种武夷名丛之一，有清代蒋蘅《武夷茶歌》为证"奇种天然真味存，木瓜微酽桂微辛……"在诗句注解中指出肉桂在慧苑（现另一说法在马枕峰）。其成茶品质具有桂皮香、辛辣味而得名。

🌿 蒋蘅《武夷茶歌》

🌿 "六〇年初育肉桂，后得同仁广栽培。今已肉桂遍天下，茶科所功不可没"——朱寿虞题

2. 选育过程　新中国成立前，中央茶科所曾将此名丛育苗移至企山茶树品种观察圃中，这说明该名丛早列于诸名丛之前茅，对品种评语"辛"字亦是具有强烈刺激感之意，符合肉桂茶的品质特征。1960年3月末，由朱寿虞同志从茶场名丛观察园压条苗移100余株于天游品种园内。同年于水濂洞剪1 000余穗，开始育苗和栽种，1963年较大面积栽种，1982年以后迅速发展。由于省科委对肉桂课题的下达，引起各方面重视，成立了肉桂课题领导小组和技术小组，具体负责规划全县200亩肉桂的分布、育苗、栽种技术，以及一些科研项目。

截至1988年春，崇安县（今武夷山市）肉桂已栽种1 780余亩，投产面积294亩，其中肉桂课题种植212.4亩，分布在星村、茶场、天心、茶科所、综合农场和黄柏村。几年来承担单位履行合同，投产3年平均亩产毛茶达80千克以上，其中80余亩高产试验田到现在已达145千克／亩，1972年种植的亩产达258.5千克。肉桂茶自投入市场以来，受到各方面的广泛赞誉。1985年通过审定，成为福建省级良种，在历次评比会中均进入全国名茶之列，已成为武夷岩茶的后起之秀，取得很好的经济效益和社会效益。随着茶树栽培和选育技术的发展，在低温或者光照的环境条件下，武夷肉桂新梢呈现白化表型的茶树突变体。黄叶肉桂加工而成的茶叶因具有较高的氨基酸含量和优质的外形在市场上广受欢迎，为武夷肉桂增添新的花色。

🌿 1983年崇安县星村公社武夷肉桂茶园（刘述先　摄）

3.**生物学特征特性**　肉桂品种为大型灌木性状，枝条较直立，颇脆易折断，枝干着生角度50°～60°，枝叶较密，叶子着生角度较平展，叶肉厚而略脆，与大叶乌龙在有些性状上有类似之之处，叶面光滑，色浓绿，叶缘内翻成瓦筒形，叶尖钝而有内缺，成叶约为（9.3×3.5）厘米，呈长椭圆形，叶脉而隐，通常为7对，锯齿浅而疏约28对，育芽力强，萌动期早，开采期迟属迟芽种，花多而小，结实率不高，其枝叶脆是弱点，故幼树管理期间要特别细心。

4.**栽培要点**

（1）苗木繁育。肉桂品种由于枝条质脆，不便压条，故采短扦插进行繁育，以秋末扦插为最佳时期。

（2）栽种。适宜栽种于pH为4.5～5.5的酸性土壤，以品质论，其中以砾质沙壤土为最优，红、黄壤次之，沙土更次。该品种耐肥，但不宜多施碱性肥料，施有机肥和填客土为最佳，长势好，新开垦茶园种植长势极强，当季新植往往可长一尺以上，顶芽不易形成驻芽。所以幼龄期要及时定剪，肥量要适当。多施有机肥和复合肥，少施氮肥；春季茶芽萌动较迟，属于迟芽种。需适当密植，丛、条栽植均可，每亩用苗3 500株左右。对水分要求较高。可采取速成茶栽培法，获得早投产。

三、大红袍

（一）大红袍母树

大红袍历史悠久，是历史名茶，有它的历史背景、独特生长环境和制作工艺要求，文化底蕴丰厚，品质高贵，风格独特，有武夷茶王之美誉，蜚声海内外，为稀世瑰宝。大红袍母树为国家一级保护古树名木（中华古树名木），福建省茶树种优异种质资源保护区。九龙窠"大红袍"摩崖石刻已被列为省级文物保护对象，根据文物保护的有关规定，武夷山市政府作出对母树大红袍实行特别保护和管理的决定：2006—2009年，对母树大红袍停采留养；2010—2018年，每年5月份对茶树上枯枝、病虫枝、徒长枝进行整枝修剪，以及局部新梢进行打顶，并与科研院校结合，开展实验研究；2019—2020年停采留养；2021年5月中旬，对徒长枝进行整枝修剪以及局部新梢进行打顶。指定专业技术人员进行科学管理并建立详细的大红袍管护档案。大红袍一直属于"名丛"范畴，2012年大红袍通过审定，成为福建省优良茶树品种。

（二）发展历史

武夷岩茶历史悠久，而大红袍乃是武夷岩茶中之佼佼者。1921年《蒋叔南游记》中有提到武夷山数处有见此茶种，如天心岩九龙窠（即有摩崖石刻"大红袍"三个字的）一处、天游岩一处、珠濂洞一处（也叫水濂洞），但非常遗憾的是，这些游记和调查都没有交代清楚这几处大红袍更具体的地点、属哪个寺庙茶庄、是否是同一种或同名不同种、茶树特征是否一样，以及品质如何。

九龙窠大红袍母树（吴心正　摄）

1942年，林馥泉著《武夷茶叶之生产制造及运销》一文中提到马头岩的磊石、盘陀有大红袍，而记录大红袍采制全过程的却是九龙窠大红袍那3株。

1962年春，中国农业科学院茶叶研究所的科研人员从武夷山九龙窠剪了大红袍枝条带回杭州扦插繁育，引种在品种园内。

1964年，福建省茶叶研究所技术员谢庆梓和一名工人携单位介绍信来崇安县，要求剪取大红袍苗穗，时任武夷山市茶叶科学研究所所长的陈德华，带他们到县政府办公室和综合农场办公室办好手续，并带他们到九龙窠。经看守人员验证后，他俩上去剪取大红袍茶穗（当时只有三株）并带回福安社口，在福建省茶叶研究所扦插繁育。

1985年11月，陈德华参加福建省茶叶研究所建所五十周年庆之际，向培育室主任黄修岩提出要五株大红袍引回崇安，种在御茶园名丛观察园中。

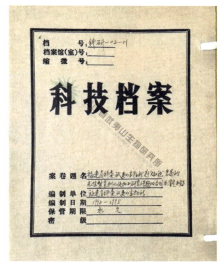

"大红袍"岩茶的无性繁育驯化及加工研究课题档案

1994年，武夷山市茶叶科学研究所"大红袍无性繁殖及加工技术研究"项目，通过了福建省科委科学技术成果鉴定。

（三）生物学特征特性

自然生长的大红袍植株灌木型，中小叶类，晚生种，树冠半开张，树高可达2米以上，骨干枝明显，分枝较密，叶梢向上斜生长。叶长达10～11厘米，宽4～4.3厘米，叶形近阔椭圆形，叶尖钝略下垂，叶缘平直，叶身平展，叶色浓绿光亮，主侧脉略下陷，叶肉稍隆起，叶质脆，叶脉7～9对，叶齿浅尚明27～28对，花型尚大，花径约（3×3）厘米；花萼5片，花瓣6片，花丝稀疏稍长、高低不齐，二倍体，茶果中等。嫩芽尚壮，色深绿微紫，夏梢带红毫尚显。春芽萌发、开采期比肉桂品种迟，一般在5月11—18日开采，属迟芽种，能有效错开茶叶采摘的高峰期。

（四）保护与选育过程

"大红袍"是武夷岩茶"五大名丛"之首，是国家久负盛名的品牌，中国驰名商标。长久以来一直受到消费者的推崇和喜爱，其身价之高、声誉之扬、知名度之广和影响力之大，可称作中外农作物之最。

为了能让世人观赏到大红袍的风姿，品尝其神韵，武夷山茶叶科技人员刻苦钻研，科研攻关，终于在20世纪60年代初用无性繁殖获得成功。1994年12月福建省科委组织有关专家鉴定，一致认为无性繁殖的大红袍能保持母本优良特征特性，在武夷山特定的生态环境条件下可以推广。1995年詹梓金教授担任福建省农作物品种审定委员会茶叶专业组组长，积极组织专家通过实地调研、科学分析、认真研讨，为大红袍品种的保护提出了重要的理论和技术支撑：一是明确了大红袍的历史定位（一直以来，大红袍的学术定位属"名丛"范畴，不是品种）；二是提出了科学保护"国宝"大红袍母树的措施建议。他建议：将大红袍列入省级珍稀植物进行保护，省、市政府拨专款进行改造、复壮（后来省财政厅拨专款8万元作为保护大红袍经费）；在保护原有面貌基本不变的前提下，对梯壁、梯阶与排洪沟进行维修、改善；茶园深翻，切断部分老根促进新根生长，增施有机肥与微量元素并进行客土，加厚土层，去除地衣、苔藓，剪除枯枝，对母树老枝分期台刈更新复壮，人工除虫，改造后母树以养为主，培养树冠，复壮后方可采摘；建议重修通往九龙窠大红袍景点的道路、台阶。

武夷山大红袍品种选育工作布署会议现场

2009年10月14日，武夷山市茶业局成立武夷山大红袍品种申报工作领导小组，詹梓金教授被聘为大红袍品种申报工作顾问，负责申报材料搜集、分析、整理等。为此，他带领科技团队走访大红袍茶树的区试种植园，开展大红袍DNA分子遗传分析实验及茶叶内含物的对比试验，为大红袍品种的审定开展了大量的基础性工作。

2007—2009年在同一生态、环境与栽培条件下，按照乌龙茶统一的采制标准与方法，对武夷山大红袍品种经济性状与生物学特性进行系统观察与比较鉴定，在武夷山市星村镇、武夷街道和良种场建立大红袍品种比较试验点与生产示范点，鉴定其在武夷山市种植的鲜叶产量与加工品质，春茶开采期，抗性与适应性等主要经济性状表现。

大红袍为灌木型、中小叶种，植株较高大，树姿半开张，分枝密。产量比对照种水仙低4%。香气馥郁芬芳，具"岩骨花香"特征，味醇厚甘爽。一芽二叶干样含茶多酚15.6%，黄酮6.92%，咖啡碱2.532%，水浸出物31.99%。开采期比水仙迟11～15天。扦插成活率85%以上。抗寒、抗旱与适应性较强，综合性状优异。经茶叶专家鉴定，其扦插繁殖在同等的环境条件下，生产的产品能达到大红袍母树品质特征水平，适宜在武夷山特有的环境地带推广，特别是大红袍品种比肉桂迟5～7天采摘，能有效地延长茶叶采摘期，降低茶企业的生产成本。

大红袍按照武夷岩茶制作工艺制样，样品经武夷山市茶叶产品质量检测所密码审评鉴定，大红袍茶品质连续三年审评得分为95.00分。外形条索紧结、色泽乌润、匀整、洁净；内质香气浓长；滋味醇厚、回甘、较滑爽，具"岩骨花香"特征；汤色深橙黄；叶底软亮、朱砂红明显。

在詹梓金教授和湖南农业大学施兆鹏教授有力的关心、支持和推动下，大红袍品种在2012年通过审定，成为福建省优良茶树品种，使大红袍这一自然与历史馈赠的珍品获得了新生，载入了武夷茶史册，这是继肉桂之后武夷岩茶的第三大品种，为武夷山大红袍持续健康发展打下良好的基础。经过几十年的推广、改进工艺和科学采制，大红袍已得到空前的发展，从历史名茶一跃成为行销世界各地、深受广大

福建省优良茶树品种
"大红袍"审定证书

消费者喜爱的武夷岩茶的标志名品。

（五）大红袍茶树的栽培管理

由于大红袍茶树的特殊性，我们选择了黄村、一线天和桃源洞3个点，对生产性大红袍茶园管理模式进行探索，根据茶树不同年龄的生育特点，采用现代化的茶叶科学技术，为茶树生长发育创造优越的条件，达到高产、稳产、优质的目的。

1. 幼龄茶园的管理　指从苗木定植到正式投产期间的茶园管理。

（1）保全苗，保证每亩种植数，是茶园丰产的前提。

①抗旱保苗，幼苗期吸水弱，易受旱，必要时要采取浇水、铺草覆盖等措施，争取全苗。

②浅耕除草，离茶基部5厘米外耕除5厘米。

③补苗，有缺株必须及时补苗，要在2年内将苗补齐。

（2）增肥改土。

①行间深翻，扩穴改土，茶苗定植后的第二、三年，每年秋季在行间深耕达40厘米以上。在茶行两侧轮换进行，翻耕结合，施有机肥，引导茶根向深处和远处伸展。

②施肥，幼龄茶树在三要素含量上对磷、钾要求比成龄茶树的要求高，成龄茶树比率3：1：1或3：2：1，而幼龄茶树为2：1：1。幼龄茶园复合肥施用量20～50斤／亩。

③施肥方法。

追肥：时间为各茶季采摘前一个月，春、夏、秋各季施肥量占总施肥量的百分比分别为50%、20%、30%。方法为离根茎部15～45厘米处挖条形沟，深10厘米，施后覆土。

基肥：每隔2～3年施一次，基肥宜以有机肥和磷肥为主，如亩施磷酸钙50～100斤，菜籽饼150～200斤或厩肥50担[①]。方法为离根基部15～45厘米处挖条形沟，深20～30厘米，施肥后及时覆土。投产后重施基肥，每亩施菜籽饼

---

① 担为非法定计量单位，1担=50千克。——编者注

300斤以上。由于武夷岩茶多是采摘春茶，少采夏秋茶，所以要尽快在入冬前将肥料施下。

（3）树冠培育。在良好土肥条件下，通过合理的定型修剪，结合打顶轻采，定植后2～3年就能获得粗壮的骨干枝和一定采摘面的树冠。

①定型修剪：程序一般在定植后一足龄（管理优良的也可在定植后半年），进行第一次定型修剪，剪口离地面20～25厘米。第一次定剪后，间隔半年或一年分别进行第二次和第三次定剪，每次定剪均在上一次剪口的基础上提高10～20厘米。定剪方法以平剪为好。

②打顶轻采：在定型修剪后，茶树的骨干枝，高幅度都有良好基础，便可适当进行合理的打顶轻采。但强调"以养为主，以采为辅"原则。切实掌握"采大养小，采高留低，打顶护侧"的方法，以达到抑制顶端生长势，保证树冠不断扩大的目的。

打顶标准：三龄以内生长较好的茶树，春梢萌发至驻芽五六叶时，可采下驻芽二三叶，留下四五叶。夏茶留养，秋茶采驻芽二三叶，留三四叶。

三足龄茶树经定剪后长出的春梢一般长达20厘米以上，着叶6～7片，可打顶采驻芽二三叶，留下四五叶。夏、秋也按上述方法进行；四足龄茶树，凡植株高达70厘米以上可全年打顶采摘；五足龄茶树，树冠结构已较理想，各季都可采驻芽二三叶或驻芽三四叶。但要执行春季留二叶，夏季留一叶，秋季留鱼叶的采摘标准。

🍃 遇林亭大红袍茶园

③采后轻剪，打顶采后，树冠表面可能高矮不一。因此，每次打顶后应结合一次轻修剪，把个别留桩较高，突出蓬面的剪掉，使其趋向平整，为培养茂密整齐的采摘面打下基础。当茶树高达80～90厘米，树幅达1米以上，枝叶茂密便成为成龄茶树。

2. 成龄茶园的管理

(1) 施肥原则。茶树因树龄、树势、产量指标、土壤、种植密度不同，施肥的数量和方法等都有差异。

①重施和适当早施基肥：在低温到来之前，在根系生长最旺盛时进行深耕施基肥，以有机肥，磷、钾肥为主。

②分期追肥：在各轮新梢萌发前的10～15天，及时分批追肥。全年3～4次，以速效性氮肥为主，促进茶梢萌发。

③肥料搭配：成龄茶园施肥以氮肥为主。氮、磷、钾比为3：1：1。

(2) 施肥数量。目前确定施肥量，成龄茶园主要按产量计算。即在每年施一定量基肥的基础上追施氮肥，追肥施氮量大致按1斤纯氮收获干毛茶7斤计算。基肥平均亩施质量较好的有机肥30～50担或饼肥2～3担。

秋冬季不施肥的茶树，入春后长势较弱，叶片小而薄、品质差、产量明显下降。而秋冬季每亩深施优质土杂肥3 000千克或饼肥200千克加尿素10千克，入春后表现生长旺盛，叶片厚，品质佳，单产明显提高，一般亩产增加15%以上。茶园秋冬季施肥通常以农家肥或土杂肥为主，每亩施用量为2 000～3 000千克。也可用饼肥每亩150～200千克、尿素10～15千克在茶树行间开沟深施。施后应覆土，以防肥料流失。对梯级茶园，肥料应施在梯级内侧。秋冬季施肥一般要在10月底前施毕，最迟不能超过11月15日。过迟施肥由于气温低，根系吸收能力弱，影响肥效。但也不能施得过早，否则会使迟发的秋梢受冻，影响茶树的正常生长。

(3) 茶树修剪，分轻修剪、深修剪和重修剪。

①轻修剪：一般每年或隔年一次，用于茶树定型修剪和深修剪之后。目的是整齐树冠，控制高度。剪平表面鸡爪枝、细弱枝、病虫枝、突出枝。轻剪期在秋

季10月中下旬至11月上旬，或春季2月中旬。秋剪可以使来年春茶早发。春剪茶芽萌发稍迟，但芽头粗壮持嫩性好，方法是平剪或略带弧形剪。只采一季春茶或采春、秋两季的茶园，一般以春茶结束后修剪为宜。茶树冬季修剪一般应在12月中旬以前完成。

　　②深修剪：简称深剪，是一种改造树冠恢复产量的修剪措施。由于树冠经过多次轻剪和采摘后，树高增加，冠面上分枝愈分愈细，发芽能力减低，"结节枝"多，要剪去"结节枝"层。方法：剪去树冠上绿叶层的1/2，为15～25厘米。深剪可在春茶后进行，以减轻深剪对产量的影响。深剪后继续按轻剪的要求修剪，轻剪和深剪交替进行，茶树可以保持旺盛的生产能力。

　　春夏秋全年生产，且有平整采摘面的茶园，可采取秋冬季轻修剪。树势较强

❦ 遇林亭大红袍茶园深修剪

生长旺盛的茶树一般剪去蓬面突出部分，使树冠面平整；对于有较多细弱枝、鸡爪枝，产量开始下降的茶园，应进行深修剪，即剪去绿叶层厚度的15～25厘米，剪掉全部鸡爪枝，以利于次年发芽粗壮整齐。

③重修剪：对于已经衰老，生产水平严重下降的老茶园，应采用重修剪的方法，即剪去树冠高度的二分之一，以促使茶树树冠的全面更新，尽快恢复生产能力。

为了提高茶园管理技术水平，充分发挥茶园生产效益，促进第二年春茶的增收，做好茶园秋冬季茶园培管极为重要。

3. 深翻　茶树经过春、夏、秋三个季节的生长和采摘，树体已消耗了大量的养分，行间土壤也变得很板结。秋冬季深翻有利于疏松土壤，改善土壤的理化性状，促进茶树根系的生长发育和土壤的通透性，对恢复茶树生机十分重要。深翻一般应在每年10月初至11月上旬进行，深度15～20厘米，过深易伤根系，影响茶树的正常生长。

4. 封园　茶树行间的杂草和枯枝落叶均是病原菌和害虫越冬的场所，及时进行清园处理，有利于减少茶园内越冬病虫的基数。可用0.3～0.5波美度的石硫合剂进行防治，喷药时要求对茶丛上下、叶片内外、地面的杂草及蓬内的枝条都要及时喷及，以提高防治的效果，封园工作要在11月底前完成。封园时应严格控制药液使用浓度，以免产生药害。

（六）商品大红袍的发展

武夷山一直以来就有许多茶树品种、单丛、名丛资源，历史上就有很多花名的商品茶。1985年上半年，武夷山茶叶研究所对此做了大胆的尝试，决定生产大红袍小包装茶，首先确定了茶盒的大小（净含量15克），然后把盒子的正面和背面的图案构思告诉画家——福建师大杨启舆教授。不久，第一盒大红袍盒子设计好了，正面以一片简单的红叶寓意大红袍红的特征，而不是用绿叶红镶边的写真形式来表达，背面以大红袍的真实场景配上传说中的官员朝拜大红袍这一画面，体现大红袍茶叶的贵重。这在当时是一个大胆的开拓，准备上市的不是一般品牌的茶叶，而是和神仙、皇帝、状元等传说联系在一起的大红袍。第一盒包装的商品大红袍投放市场将会有什么反应？该如何解释？当时虽考虑了许许多多，但心中还是有压力。正巧，9月中旬时值全国乌龙茶学术研讨会在武夷山召开，省里来了很多茶叶界专家，其中有张天福、詹梓金、林心炯、庄任等。在会议期间，市茶叶研究所陈德华和叶以发同志带着准备上市的小包装大红袍茶，分别向省里有关专家、教授谈制作小包装大红袍的初衷及应对办法，并征求专家的意见，结果完全获得专家们的认可和赞许。不久，第一批小包装大红袍就出现在崇安县茶叶公司门市部商品柜上，受到市场客户、消费者的认可和好评，以后的事实证明了武夷山市茶叶研究所研发小包装大红袍获得成功。

商品大红袍包括纯种大红袍和拼配大红袍。纯种大红袍指用纯种大红袍鲜叶加工而成的成品茶；拼配大红袍指以武夷岩茶为原料，通过合理拼配而成，且品质符合武夷岩茶国家标准的成品茶。

武夷山市（原崇安县）最早的一款大红袍小包装

2002年武夷岩茶被国家确认为"原产地域保护产品"，规范了一系列生产、制作、产品标准。同年，6月13日国家质量监督检验检疫总局发布了GB 18745《武夷岩茶》强制性国家标准，并于8月1日实施。武夷岩茶按茶树品种分为名丛、传统品种二类，按产品分为大红袍、名丛、肉桂、水仙、奇种五类。大红袍、名丛不分等级；肉桂分特、一、二级；水仙、奇种分特、一、二、三级。

2006年7月18日，国家质量监督检验检疫总局修改发布了GB／T 18745《地理标志产品　武夷岩茶》推荐性国家标准，并于同年12月1日正式实施。大红袍产品分为特、一、二级，武夷山市按照"国家标准"规范操作，生产企业遵循武夷岩茶国家标准GB／T 18745的品质要求，通过合理拼配，达到调和品质，使产品达到平衡、协调、稳定的完美状态，大红袍开始大批量生产，其品质均已达到母树大红袍水平。

此外，一个多世纪以来从外地引进的，如黄棪、毛蟹、梅占、矮脚乌龙等十多个品种，以及近年来省茶科所选育的黄观音、丹桂、金牡丹、瑞香等十多个新品种，主要是为了茶园栽培，品种搭配使用，调节生产高峰期，提高制茶品质。

第四章

武夷岩茶栽培与管理

茶园的地理位置与茶树生长关系密切。长期以来，武夷茶叶丰产的经验总结证明，种茶要土层深厚，土质肥沃。同时，根据地势条件，可建立盆景式茶园、水平梯层茶园或者是平地和缓坡地茶园，以保持水土，便利管理。在选用良种和合理密植的前提条件下，加以合理施用适量的肥料，增加土壤肥力，保持土壤适度的湿度，妥善地对茶树进行修剪与采摘，利用秋挖、客土、铺草和合理间作等，注意土壤管理，不断改善土壤理化性质，便可获得高产优质的茶叶。

第一节　茶苗繁育

茶苗繁殖方法分为有性繁殖与无性繁殖两种。武夷岩茶品种除武夷菜茶、名丛母树之外，均为无性系，通常采用无性繁殖。无性繁殖在生产上又分为压条法和扦插法，现在主要采用短穗扦插法。

一、苗圃地选择整理

选择能自流灌溉的水田或农地。要求土质疏松，土壤结构良好，土壤孔隙度在20%以上，保水保肥力强的酸性红黄壤或砂质壤土。苗床应轮作水稻或其他作物，连续扦插容易引起病虫害或缺素症。前作是马铃薯、番茄等蔬菜园均不宜作为苗圃地。苗圃地选定后，应全面深耕，清除石块、草根，平整苗地，做成宽1～1.2米、高13～16厘米的平畦，畦沟底宽26厘米左右，力求东西走向，周围开排灌沟及蓄水池。苗畦做好后要施基肥。畦面平铺5～6厘米厚的红壤或黄壤心土，每亩450～500担。铺匀后用木板适当压实、平整。

二、剪穗母本园

采摘和剪穗结合的母本园是生产上提供插穗的主要来源。一般选择管理水平较好的青壮龄茶园作为剪穗母本园。剪穗枝条必须是当季生长的黄绿色或红棕色的半木质化枝条，长20～25厘米，茎粗3毫米以上。为取得理想的枝条，剪穗前1～2个生长季节就应根据母树长势采取相应程度的修剪，并配合施肥，按树冠上留养新梢不同的成熟程度分批打顶，分批剪枝。插穗要求长约3厘米，1～2

个节的短茎，茎上带有一片成熟的叶片和一个饱满的腋芽。剪口必须平滑，剪口斜面与叶片方向相同，腋芽与叶片要完整无损。

三、扦插时期、方法和插后管理

1.扦插时期　根据气候特点，四季均可插。春插在2—3月，利用上年秋梢；夏插在6—7月，采用当年春梢；秋插在8—10月，采用当年夏、秋梢；冬插在10—12月，采用当年秋梢。以秋插最佳，成活率最高。

2.扦插方法　扦插时，先将整理好的苗畦充分喷湿，待土壤稍干呈湿而不黏的松软状态时即进行扦插。按行株距（5.7×2.3）厘米直插或斜插，入土三分之二左右，其深度以叶柄基部稍高于畦面为好。短穗在适当密插情况下进行直插，能增加入土深度，使叶背不紧贴地面，防止早期落叶。叶面的朝向以顺着当季主要风向为宜。此外，扦插时顺势将插穗周围表土稍加压实，使插穗与土壤紧贴，以利保湿，愈合发根。每亩插株数一般为15万～20万株。采用铁芒萁直插苗旁遮阴，透光率达30%～40%，以节省工本。

3.扦插后管理　插后初期管理是着重浇灌水和遮阴，土壤持水量保持在90%左右，伤口愈合和发根后保持在70%～80%，可以沟灌代替浇水，但要防止过分潮湿或苗床中间积水而引起土壤通气不良，影响发根甚至落叶死亡。

荫棚要经常检查修补。当插穗愈伤后就开始稀疏遮阴物，生根后应连续稀疏遮阴物，以逐步提高茶苗的光合能力，促进健康成长。到幼苗生长旺盛，长高10～15厘米时，选择阴天拆除全部的遮阴覆盖物。

及时多次追肥是育好苗的关键措施之一。当第一轮根群达半木质化时就要进行第一次追肥，以后再按季节和茶苗生长情况追肥几次，通常用加水10倍的水肥、1%尿素、1%过磷酸钙和0.4%浓度的磷酸二氢钾等轮换施用，效果较好。一年内应中耕除草两三次，深度1.5～2厘米，用手拔草或用齿中耕，不要伤害苗根。此外，还要摘除花蕾，及时补苗，防治病虫害。通常，一年生苗高20～25厘米以上，主茎粗不小于0.25～0.3厘米，主茎长度三分之二以上达木质化程度，茶苗着叶数在6叶以上，根系健壮且无危险病虫害者，即为符合规格的茶苗。

第二节　茶园开垦与定植

武夷岩茶是乌龙茶中的珍品，首先得益于优质的鲜叶原料。鲜叶原料的优劣除与遗传（品种）和环境因素有关外，栽培技术也至关重要。

为获得质优量多的鲜叶原料，武夷岩茶茶区在长期生产实践中积累了丰富独到的栽培技术经验，如深沟栽植、深挖、吊土法、客土法等。

一、茶园开垦

园地选择好之后，首先要整体规划，因地制宜，保留周围树木，掌握"头戴帽，腰系带，脚穿鞋"的原则，绝不准毁林开荒。对原有的树木、沟渠、道路，只要与整体规划不矛盾，应加以保留。根据地势条件，茶园建立方式有盆景式茶园、水平梯层茶园、平地和缓坡地茶园等。茶园垦辟前先要清理场地，主要是清除杂草、树枝、树兜、树根、草根和乱石等，以利于开垦工作的顺利进行。

1. 盆景式茶园　盆景式茶园就是茶树的盆栽。通常利用岩壁或石隙之处，砌筑石壁，中间填土，种植茶树，每处可种植三五株。九龙窠、内外鬼洞、慧苑坑、牛栏坑、大坑口为最多。盆栽茶树大多是名丛，被视为山中最珍贵的茶树，如九龙窠之大红袍、外鬼洞之白鸡冠、兰谷岩之水金龟、三花峰之半天夭、内鬼洞之铁罗汉、佛国之金锁匙等。

2. 水平梯层茶园　15°～20°坡地的开垦应建成水平梯层茶园，即将长坡变为若干短坡，将陡坡变为几层缓坡。这不仅可提高土地利用率和水土保持率，也便于小型机具作业。建设斜坡梯层茶园的步骤是：①测定坡度。②测定等高线（可凭经验进行）。两等高线间的距离，一般控制在

盆景式茶园

20～30米的范围内较适当。划好等
高线后即自下而上沿着等高线筑坎、
拉坡。拉坡时可以边拉边深耕，一次
完成，不仅可以节约用工量，还可以
保证不动乱土层。如果在坡的上方表
土拉得太多，可将下方的表土挑填部
分上去，使梯层茶园土层均匀，种植
后茶苗长势一致。砌坎最好用石料，
在取石头困难的地方也可砌草皮砖
梯，只要注意植被保护还是可行的。

水平梯层茶园是常见的一种建园
方式。水平梯层茶园的外侧一般采用
石头全砌或心土夯筑成梯埂，内侧留
有横沟蓄水；对质量要求较高的茶园
一般深垦60厘米。

❧ 大坑口水平梯层茶园（吴心正 摄）

3. 平地和缓坡地茶园 坡度在
15°以下的缓坡山地，一般可不筑梯
层，开垦方法比较简单，只要全面深
耕50厘米以上即可。生荒坡地分初
垦和复垦两次进行，初垦深度一般需
50厘米，全面深翻，深耕后不要马

❧ 平地和缓坡地茶园（武夷山九曲洲地茶园）

上碎土，以利蓄水和风化。在斜坡边缘则应留下约2米与外围隔开。初垦完成后
即可进行复垦，复垦深度约30厘米。复垦时需打碎土块，拣净草根，平整地面，
再开种植沟，行距（沟距）180～200厘米，为定植茶苗做好准备。

平地和缓坡地茶园也可采用半垦法。所谓半垦法就是只在种植行或种植茶丛
的范围内开垦，行株间不开，保留草皮带。历史上武夷山茶园多为丛栽，其地形
错综复杂，就是采用这种局部开垦方式，于山中幽谷深坑、岩隙、山凹等缓坡地

垒石填土建园。种植以后随着茶丛生长，逐年在原种植穴周围扩穴翻耕。目前，武夷山茶园已将丛栽改为条栽，沿横坡等高线开沟条栽，适当密植，表土回种植沟。半垦法较省工省本，建园速度快，能利用表土自然肥力，特别是新种茶园，未垦的草皮带具有固土蓄水的作用。

梯园、坡园、平地茶园建园时，都应以治水改土为中心，实行山、水、林园、道路综合治理，做到道路、水沟、水池、水库等统一安排，沟沟相通，排蓄兼顾。山地茶园开设环山缓坡路，路面种草，路旁设沟种树，周围造林，创造一个适于茶树系统发育的良性生态环境。

二、茶苗定植和幼树护理

苗木移栽定植，在秋冬季水分条件较好的地区，一般可选择在秋冬季。因此时茶树地上部分休眠，根系恰逢一个生长高峰，移栽后有利于根系的生长，而且其茶苗萌发生长也早于翌年春季移栽。如秋冬季遇干旱，则以早春移栽为好，武夷茶区的春栽就选择在农历节气"雨水"与"惊蛰"之间进行。若时间上晚于此季节，将影响成活率。

种植方式有条栽和丛栽两种。目前，生产上多采用条栽，丛栽栽植多见于老茶园。武夷山丛栽茶园一般开穴呈棋盘形，前后左右丛距均为150～200厘米，穴深50～60厘米，每穴种茶5～6株，有的多至8～9株，穴内茶苗要求株株分开，茶根展平盖上松土用脚踩紧或者用手压紧，而后再盖一层松土至半穴。离地面半穴不盖土，留待以后逐年加土，以保蓄水分，提高茶苗初期的成活率。深沟种植，有它的可取之处，现在采用条栽种植。一般行距为180～200厘米，穴距

Ｙ 茶苗定植

35 ～ 40厘米，每穴定植2株，每亩2 500 ～ 3 000株。

种植时施足基肥是打好基础的一个环节。定植基肥一般施有机肥2 500 ～ 5 000千克，磷肥25 ～ 50千克。武夷茶区土壤植被厚，生产上大多少施基肥，仅以表土回沟，待茶园开采后再补施有机肥。

水分管理是幼龄期茶树管理的一个重要方面，种植后当年夏季抗旱是保证成活率的一个关键时期。对此，除种植时注意适当深栽，以吸收土壤深层水分外，可于夏季来临前铺草覆盖茶园地面，以减少土壤水分蒸发并调节土温。一般可采用农作物秸秆、杂草等铺盖，每亩用量为1 500 ～ 3 000千克。经年累月以后，这些铺盖物还有肥土的作用。

种植以后，难免有缺株缺丛。应及时补种，力争当年全苗。在11—12月适遇有雨，可抓住时机，雨后即起苗补植，则成活率高。茶农认为"种茶无期，只要根不知"，说明定植当年完全可以选择有利时机完成补缺任务。

此外，半垦式茶园以及种植前挖土不深、基肥不足的茶园，应争取在种植后的1 ～ 2年内抓紧改土增肥，搞好土壤深耕。目的是扩穴改土，加深耕作层，结合增施有机肥，诱导茶根深扎，以保证幼期茶树苗壮成长。

第三节　茶 园 管 理

茶树种植以后，茶园管理务必要跟上。茶园管理不仅影响茶叶产量高低，而且影响茶叶品质优劣。武夷茶区先民在长期生产实践中，通过不断探索总结，创造了独一无二的"武夷耕作法"，长期广为流传，沿用至今。传统的武夷耕作法包括：深沟多株定植，适当稀植，表土回沟，不施基肥，挖山、吊土、平山、客土和斩草浅耕等系列耕作。其中，有的仍为生产上所采用，有的已作了若干的改进，有的被淘汰。

一、武夷耕作法

1. 浅耕锄草　每年一般浅耕锄草3次，分别在3、6、9月份进行，这种传统耕作法有利于清除杂草，防治虫害，疏松土壤，生产上仍继续沿用。

浅耕锄草

秋挖

2．**秋挖**　指的是茶园秋冬季深耕。传统习惯是每年秋冬季深耕一次。有"七挖金、八挖银、九挖铜、十挖铁"的说法，意指农历七月为深耕的最佳时期。因为秋挖时间早，有利于断根愈合和长出新根，使土壤疏松，改善土壤的渗透性，增加土壤含水率，提高土壤肥力，由于土壤上下翻动，促进了底土的熟化作用，从而促进根系生长，提高产量和品质。每年一次的秋挖，以及秋挖时期宜早的观点，应用于"少施肥、不采秋茶"的传统技术，当然无可厚非。但时至今日，茶园肥管技术已发生一系列的变化，秋挖应作相应的变革。生产实践认为，采摘茶园在正常肥管条件下，深耕不宜每年进行，原则上每2～3年一次。深耕深度一般为20～30厘米，衰老茶园深度可达30～40厘米，并结合客土或施用基肥。客土的传统耕作法起源于武夷山，是乌龙茶产区耕作施肥方面的宝贵经验。历史悠久的武夷茶区，创造积累了许多有关生产的宝贵经验。随着时代的发展，这些传统技术，也在不断修正完善之中。今天，在生产上应用的即为改进的武夷耕作法。

3．**施肥**　在茶树栽培的综合性农业技术措施中，以施肥效果最为显著，也以施肥与茶叶品质、产量、成本和效益的关系最为密切。武夷岩茶的施肥应注意根据武夷岩茶特有的品质风韵来探讨其优化施肥技术，努力做到合理施肥，也就是要根据武夷岩茶品质特征、茶树品种特性、茶树各生育期对养分的要求，以及采摘量、土壤、季节、气候等具体情况，因地制宜制定施肥技术方案。同时，必须根据武夷岩茶产制特点，从栽培到初制的一系列技术措施相互配合，以求达到施肥促进优质、增产、树旺、低成本、高效益的生产效果。

武夷岩茶品质特征的形成在于丰富的物质基础及其特异性。这种特异性除品种因素外，与环境影响形成的生理代谢产物有关。通常要求碳氮代谢产物比例协调，各种内含有效物质的含量适量适比。

不同肥料种类和施肥量对茶树生育和内含物质的形成积累有一定影响。氮肥有利于茶叶中含氮物质生成，但过量又会使叶绿素含量增加，抑制茶多酚、糖类等物质的合成，对香气的形成、滋味的浓鲜爽度和叶色都有影响；磷肥能促使茶多酚和糖分等可溶性物质含量增加，钾肥对茶红素、茶黄素的形成具有重要作用。试验表明，在氮、磷、钾三者配合施用时，茶叶中总氮量、茶多酚和氨基酸的含量都可兼顾，可以提高各种儿茶素的含量，有利于提高武夷岩茶品质。

在茶园生产上，三要素的配比指标应因树、因地制宜。成年茶树氮、磷、钾配比约为3：1：2，磷不能超过8%。总之，三要素的配比是一个比较复杂的问题，与土壤、树龄、树势、品质要求等许多因素有关，不宜千篇一律。实践中也可根据产量指标确定施肥量，一般每生产4～6千克茶青可施入1千克纯氮。先算出氮肥用量，再按三要素配比核算磷、钾用量。有机氮应占全年施氮量的30%～40%。

武夷茶区传统习惯，搜集岩壁和斜坡上的低等植物及周围表土制成堆肥施用，也施用饼肥、灰肥等。在9—10月施用有机肥，一般亩施菜籽饼200～300千克，并加15%～20%的油茶饼，以防动物取食。

4.客土 武夷茶区对饼肥、泥肥（客土）、灰肥等较为推崇，采用有机肥和客土作为土壤增肥的主要来源。因为有机肥、客土供肥营养全面，不仅含大量元素，而且含多种微量元素；有机质丰富，肥效缓慢持久，符合茶树持续需要多种营养物质的要求，并能改良土壤，达到优化武夷岩茶品质的施肥效果。客土法兼

平山

有多种有益于武夷岩茶生产的功用。具体而言，可加厚耕作层，提高肥力，改善土壤结构和酸碱度，促进根系生长，增加茶树必需的多种矿物元素，提高品质；保持土温，有利土壤微生物活动和养分分解，是施肥所不能代替的。为此，就武夷茶区而言，茶园可以不施肥，但不能不客土。这说明客土极有益于茶树生长和茶叶品质。据了解，有的茶区客土后越冬芽可提早10天萌发，有的填补适量肥沃新土后，采制的茶叶茶汤滋味尤为醇厚。客土时，首先必须对土质有所选择。一般可用茶园周围或清理四周水沟的肥土、草皮土或红黄壤新土等。要求黏性土客入砂质红壤土，砂质土则客入黏性土，低产老茶园客入红黄壤表层土。客土厚度可根据生产实际情况，掌握在5～15厘米。

5．平山　茶园施冬肥后或客土结束，即可整平茶地面高低不平的土壤。

二、茶树修剪技术

茶树修剪是培育树冠的主要措施。修剪从幼年开始，贯穿整个发育周期。它是根据茶树生育的内在规律，结合生育条件和采摘要求，应用机械损伤刺激和控制营养生长，延长经济树龄的一项技术措施。

实践表明，不同的茶树品种、不同的生产茶类，其修剪方法既有共同之处，又有一定差异。武夷岩茶的生产有别于其他茶类，适制武夷岩茶的茶树品种类型多，因此，其修剪方式方法有许多独特之处。根据不同品种、不同发育阶段而采取不同的修剪方法。对幼年、成年、老年期茶树分别采用定型修剪、打顶促侧、轻修剪、深修剪、重修剪和台刈等方法培育树冠。

（一）幼年期茶树的定型修剪和打顶代剪

定型修剪和打顶代剪，是幼年期树冠培育的两种基本方法。剪主枝培养骨干枝，留养侧枝同时配合打顶，增加侧枝和分枝，扩大树冠。种植后2年内可定剪3 ～ 4次，高度第一次15 ～ 20厘米，以后每次提高15 ～ 20厘米。3 ～ 5年即可正式打顶开采，具体方法是连续反复地打顶采摘。当定植后年幼树长高达40厘米以上时，在早春采去45厘米以上的顶梢和较长梢，以后在整个年生长期内对各轮新梢也都同样打顶，每次打顶都在原有基础上提高5 ～ 8厘米。全年树冠提高20 ～ 25厘米。

（二）开采期茶树的修剪

1. 轻修剪　树冠新梢采摘后表面出现高低不平现象，采用轻度修剪培育树冠。轻修剪主要目的是刺激茶芽萌发，解除顶芽对侧芽的抑制，使树冠面整齐、平整，调节生产枝数量和粗壮度，便于采摘、管理。修剪高度是在上次剪口上提高3 ～ 6厘米，一般以剪去高出树冠面不平的部分，修剪后肉眼看去树冠面上要有新的绿叶层，保留较多维持性枝叶。这样能

🍃 轻修剪

🍃 与廖红老师在燕子窠茶园指导茶树深修剪

够保持茶树一定的叶面积和光合面，增加光合作用，增加糖类积累，有利于剪后树势的恢复，具有更新树冠和增产的积极意义。

2. 深修剪　深修剪是一种改造树冠的措施。生产上为保证春茶产量选择春茶采摘后修剪。剪去鸡爪枝，切除结节的阻碍，使之重新形成枝叶层，恢复并提高产量。一般剪去树冠面深为15～25厘米的鸡爪枝。以后轻修剪与深修剪交替进行。

❧ 刚深修剪后的茶园

（三）衰老茶树的重修剪和台刈

衰老茶树一般采取重修剪和台刈的方法，以达到茶树复壮之目的。同时配合进行改园、改土和加强肥管，以改善茶园生态环境。

1. 重修剪　对象是未老先衰的茶树，剪去树高的二分之一或略多一些，留下30～45厘米的主枝分枝高度。生产上为了春茶产量一般选择春茶采摘后进行重修剪。

2. 台刈　必须是树势十分衰老，采用重修剪方法已不能恢复树势。台刈时期在3—8月均可进行，最佳时间是春茶前，其次是春茶后。因为在年生长周期内，根系淀粉和糖的含量以12月或5—6月这两个时期最多，这些养分是剪后生长所必需的。一般采取离地面5 ～ 10厘米处剪去全部枝干。

三、病虫害防治

茶园是一个人为干扰较大的次生生态系统，从园地开垦、茶苗种植到茶树修剪、采摘、中耕、施肥、病虫害防治等，无不受到人为因素的干扰影响。近几十年来，由于生态环境的变化，栽培措施的变革，使茶园生态环境趋于简单化，导致某些病虫的流行和扩散；普遍大量使用化学肥料，使茶园地力衰退，土壤活性降低；尤其是大量偏施氮肥，改变了茶树体内的碳氮比例，引起刺吸性害虫暴发，如小绿叶蝉、粉虱、蓟马等。在茶园病虫害防治上只注重病虫本身而忽视茶园整体环境的作用，多依赖化学农药而忽略其他措施的协调作用，多采取治的手段而忽视防的措施，致使茶园生态平衡遭到破坏而不易恢复，引起茶园病虫区系发生急剧变化，危险性病虫不断发生且越来越严重。

茶园病虫生态控制，要从病虫害、天敌、茶树、其他生物以及周围环境整体着眼，充分发挥以茶树为主体，以茶园环境为基础的自然调控作用，要保护茶园生物群落结构，维持茶园生态平衡，还要坚持以农业技术为基础，加强茶园栽培管理措施。

要全面调查茶园的生态条件，包括气象、土壤、植被、动物等的基本情况，以进一步系统了解当地气候因素、土壤条件与茶树生长发育的关系，以及病虫害的发生对于茶园的影响。拥有植被丰富、气候适宜、自然条件较好的茶园，要注意维持和保护生态平衡。对于自然条件较差的茶园，要采取植树造林、种植防风林、行道树、遮阴树等手段，增加茶园周围的植被，从而改善茶园的生态环境，增强自然调控能力。

保护茶园生物群落，进行茶园病虫的生态控制，必须掌握茶树的生物学特性与病虫发生的关系，如茶园害虫、天敌亚群落的特征及消长规律，茶园土壤微生物亚群落、茶园杂草亚群落与茶园病虫害发生的联系等。茶园生物群落结构越复杂，其稳定性也越大。

近年来，武夷茶区主要病虫害有茶丽纹象甲、茶芽粗腿象甲、天牛、茶尺蠖、茶毛虫、茶小绿叶蝉、粉虱、螨类及茶网饼病、藻斑病等。病虫害防治方法可分为五类，即植物检疫、农业防治、生物防治、物理及机械防治、化学防治。

1. 植物检疫　国家或地方行政机构通过检疫法令对植物及其产品的调拨、运输及贸易进行管理和控制，以防止危险性病、虫、杂草的传播、扩散。

2. 农业防治　在栽培过程中，有目的地定向改变某些

茶丽纹象甲

环境因子，从而避免或减少害虫、病菌的发生和危害，如修剪、中耕除草、翻耕培土等。中耕可使土壤通风透气，促进茶树根系生长和土壤微生物的活动，破坏地下害虫的栖息场所，有利于天敌入土觅食。但一般以夏秋季节浅翻1～2次为宜。对茶丽纹象甲、角胸叶甲幼虫发生较多的茶园，也可在春茶开采前翻耕一次。对于茶园恶性杂草切忌使用除草剂。对于一般杂草，不必除草务净，保留一定数量的杂草有利于天敌栖息，可调节茶园小气候，改善生态环境。

3. 生物防治　主要是指应用天敌或应用生物的代谢产物来防治病虫害方法，如食虫昆虫、鸟类、蜘蛛等。茶园天敌资源比较丰富，天敌是一种强有力的自然控制力量。但由于过去盲目使用化学农药，使有的茶园天敌种类与数量锐减。因此，要给天

农业防治

敌创造良好的生态环境，需在茶园周围种植防护林、行道树，或采用茶林间作、茶果间作、幼龄茶园间种绿肥，夏、冬季在茶树行间铺草等方法，这些均可给天敌创造良好的栖息、繁殖场所。在进行茶园耕作、修剪、打药等人为干扰较大的农活时，需给天敌一个缓冲地带，减少对天敌的损伤。在生态环境较简单的茶园，套种树木，可设置人工鸟巢，招引和保护鸟类进园捕食害虫。

此外，应向茶农积极开展宣传生物防治的意义和作用，这是一项重要的工作。天敌和害虫同时发生在茶园里，很多茶农对天敌不认识，错把天敌当害虫，养成了见虫就杀的习惯，有的任意猎杀茶园鸟类、青蛙、蛇等天敌。因此，要开展生物防治，必须让群众分清"敌我"，可通过举办学习班，利用标本、挂图等形式向群众介绍常见天敌的种类和保护措施，提高茶农生物防治的意识。

4.化学防治　利用有毒的化学物质（农药）预防或除治病虫害，应选用高效、低毒、低残留农药。注意用药的安全间隔期，即施用农药后到药物在茶树上分解完全，可以安全采摘的时间，这是防止农药残留的一项积极有效措施。

病虫害在一年中总有对药剂较敏感的时期，抓住防治适期用药效果更佳，如对鳞翅类目幼虫应在孵化后期至3龄前用药，对小绿叶蝉应在若虫数量上升时用药，对蚧类、粉虱应在若虫盛期用药。

严禁滥用乱用化学农药，选择好药剂种类，做到"对症下药"。选用对茶树和天敌安全的农药品种，严禁使用国家规定不准在茶园使用的农药。用药前一定要掌握害虫、病害的生物学特性，了解各种药剂的性能和防治对象，坚持科学合理用药，不宜长年使用几种固定的药剂防治各种病虫害。

使用最低有效浓度、用药量和最少有效次数，符合经济、安全、有效的要求，省药、省工、省成本，减少残毒危害，对天敌亦较为有利。

茶园可在秋季封园后喷施一次0.3～0.5波美度的石硫合剂。每年10月至翌年3月是茶树的休眠期，时间长达5～6个月，此时也是很多茶园病虫害的越冬期。茶园病虫害的越冬场所一般都在茶树中下部枝叶上，地表层枯枝落叶下或茶园土壤中越冬。越冬期间可结合茶园培管措施防治病虫害，如深耕施基肥时，可控制茶丽纹象甲、茶芽粗腿象甲若虫、尺蠖类的蛹、刺蛾类的茧，以及蛴螬、小地老虎等地下害虫。经过这些措施，可消灭大部分越冬虫源，减少越冬以后的病虫基数。

总之，越冬期是茶园病虫防治的大好时机，此时不采茶，劳力充足，病虫处于休眠状态易于清除，不会影响天敌的生存，不会污染茶园环境，是全年中病虫综合防治的关键，真正体现了"预防为主，综合防治"的植保方针。

5.物理及机械防治　应用各种物理因子和机械设备来防治病虫害，如捕杀或摘除，包括灯火诱杀、食饵诱集或诱杀等。

第五章

武夷岩茶制作机具

武夷山茶人为了所预期的茶叶外形和品质，在制作岩茶过程中，根据每道工序的需要，往往采用不同型式的器具。在古代，茶叶生产、采制、加工主要是使用简易的竹、木、铁制工具，在寮厂、庙宇、闲室，采用手炒足揉。宋代建安北苑龙焙，采制工具较为讲究，民焙有所不及，龙团凤饼虽盛极一时，但制造工序烦琐，工艺复杂，耗费颇大。

1935年福建福安茶叶改良场安装机械制茶，制出之茶品质良好，首创福建机制茶叶。1940年并入福建示范茶厂，其部分机器移至崇安，闽北始有机械制茶。

1940年张天福设计"九一八"揉茶机，由省建设厅茶业管理定制220台，分发至各产茶县。崇安示范茶场在原有的基础上，从国外定购制茶机5部，克虏伯式揉机、干燥机各1部，机械配套以引擎发动。

1942年吕增耕设计制作手摇回转式做青机，还有木质揉捻台等，在闽北茶区推广。

第一节　古代采制工具

一、唐时采制工具

唐代贞元年间，建州茶焙改革了制茶工艺，始蒸焙而研之，生产"研膏"茶，闽北茶叶采制始有初制工具。宋代太平兴国初年，北苑置"龙凤模"，采制要经过采茶、拣茶、蒸茶、榨茶、研茶、造茶、过黄7个工序，其制作工具有以下几种：

木桶：采茶芽时避免阴气和汗水损伤青叶，采工每人身背盛有泉水的木桶，茶芽摘下后，放入水里浸渍。

木盆：用于盛装采下的鲜叶或蒸熟的茶芽，经拣选的水芽、小芽、中芽，剔除紫芽、白合、盗叶、乌蒂等。

釜甑：铁制的釜、木制的甑，将拣选好的茶芽，摊置甑内放于釜中蒸制。

灶：与当时民间用灶一样，为安放釜甑而设，烧火蒸熟茶芽。

木榨：蒸叶冷却后，用净布包起，夹以竹片，放在木榨上，以榨去茶汁。

陶盆：亦称研钵，将压榨去茶汁的茶放入陶盆，添加适量的泉水，用一头大一头小的硬木小棒，强力捣研，把泉水研干再上模子，以待下一步的造型。

规承：即定型的模子。将研好的茶，放入模中，压成饼状。模子分为铜质和铁质两种，形状有圆、方、梭、椭圆形、圭形等，内刻龙凤、花鸟图纹，专为贡茶之用，元明以来因不敢借用而废。

套圈：茶饼通过模子定型，边缘套以圈，套圈有银质、铜质和竹质；一般用竹圈，御用茶用龙凤纹的银圈，边高1.2～1.8寸（1寸约3厘米），龙团茶直径3寸。

焙笼：竹编成圆形竹笼，上下部略大，中间略小，硬竹箍边，上放装有成茶焙筛，焙烤干燥之用。

二、宋、元、明、清时期的制茶工具

唐宋时期，团茶制作精致，程序烦琐，浪费了大量的物力财力。明洪武初，"罢造龙团，惟茶芽以进"，趋向制作散茶。随着茶类发展，旧时皇家焙局龙凤茶的银铜模具，在元朝已散失，即便清朝还有团茶，多为仿制，制作工序进一步改进为：晾、炒、揉、焙、簸、拣以及萎凋、发酵等工序。按新工序所用的工具或设备有：

采茶：采茶篮、青篮、扁担。

晒青：青弧、青筛、水筛、晒青架、青架、篾箅等均为竹篾制品。

炒青：炒青灶、炒青锅（鼎）、磨锅石、小青帚、斗箕、炒茶刀、软篓。

揉茶：揉茶、揉茶台、脚揉铁锅、木桶、簸箕、布包揉袋。

焙茶：焙茶窟、焙笼、焙簏、焙刀、焙铲、披灰刀、灰勺及拖簏等。

拣剔：簸箕、茶筛、拣茶簏、簸茶弧等。

包装：布袋、锡箔箱、木箱、铁箱、锡罐等。

初制茶厂房：晒青架、青间（发酵室）、焙房（烘青楼）、炒青间、揉捻间、木炭间、贮茶间等。

精制茶厂房：分筛场、焙场、扇场、抖筛场、拣场、制箱间（包装）、贮茶室、账房等。

精制：各型号（1～12号）筛，及筛架、撼盘、盘篮、风扇（扇谷风车）、磨砻及铡刀等。

精拣：拣板、拣凳、茶箕、悬秤、簸箕及竹签（结算筹码）。

第二节　近代采制工具

随着武夷茶产业的发展，武夷岩茶使用机械加工，同时还有沿用传统的手工制作。厂房设置有：做青间（发酵室）、焙间、烘青间、炒青间、揉捻间、木炭间、贮茶间等。传统初制工具有：采茶篮、青篮、晒青架、水筛、室内晾青架、青弧、青筛、炒青灶、炒青锅、磨锅石、小青帚、小斗箕、炒茶刀、软篓、揉茶篾、揉茶台、焙笼、焙筛等。

一、1943年，林馥泉《武夷茶叶之生产制造及运销》文中的生产工具图及尺寸

1. 采茶篮

🌱 采茶篮

2. 青篮

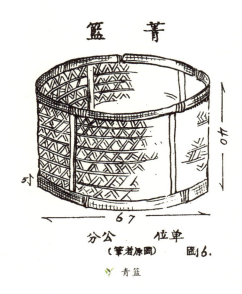

篮　菁

单位　公分

（笔者原图）　图16.

🌱 青篮

3. 水筛

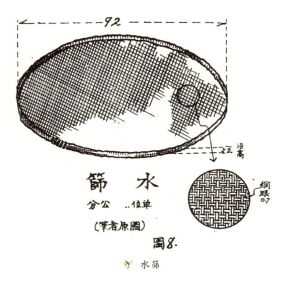

筛　水

单位　公分

（笔者原图）

图8.

🌱 水筛

4. 茶青日光萎凋架及青钩

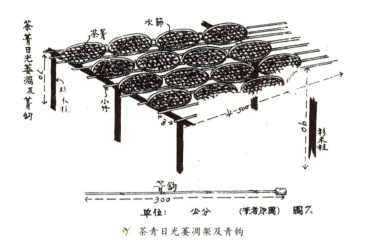

单位： 公分　（笔者原图）　图7.

🌱 茶青日光萎凋架及青钩

5. 武夷制茶厂烘青楼（简称"青楼"）

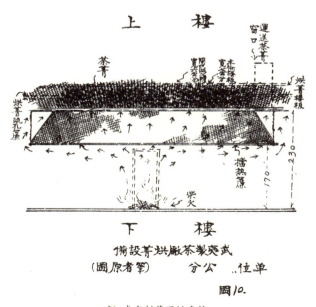

🌱 武夷制茶厂烘青楼

6.凉（晾）青架

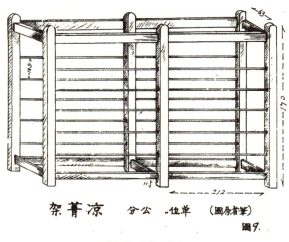

凉菁架　单位..公分　（原者筆圖）

圖9.

❧ 凉（晾）青架

7.炒青锅

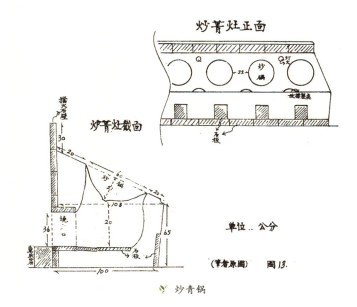

炒菁灶正面

炒菁灶截面

单位..公分

（筆者原圖）　圖13.

❧ 炒青锅

8. 软笔

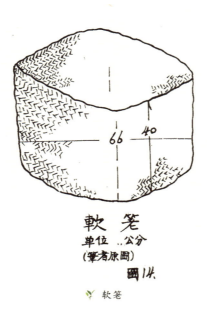

软 笔

单位 ..公分

(筆者原圖)

圖14.

🌱 软笔

9. 揉茶籭

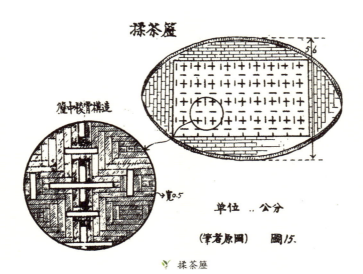

揉茶籭

單位 ..公分

(筆者原圖)　圖15.

🌱 揉茶籭

10.焙笼

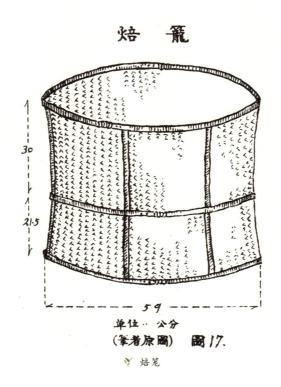

焙　籠

单位·公分

（筆者原圖）圖17.

🌱 焙笼

二、1946年，刘轸在武夷岩上设计一种手摇回转做青机

民国财政部贸易委员会茶叶研究所的刘轸先生在武夷岩上曾设计一种摇青机，乃根据老法摇青原理，使叶在筛中团团旋转，叶缘相互摩擦，使细胞受伤而发酵成为绿叶红镶边之特征。其构造为一竹制之圆筒横卧于架上，另有一轴贯穿筒之中心，架于木架之两端，一端接一摇手，经日光萎凋之叶放入圆筒内，以手摇之，叶在其内成圆周形旋转，而可达到摇青之目的。以往人工摇青非有熟练之技能不能竟其功，而应用此机后，不但摇青量可多，而无摇青经验者亦可从事。经试验结果，极为良好。

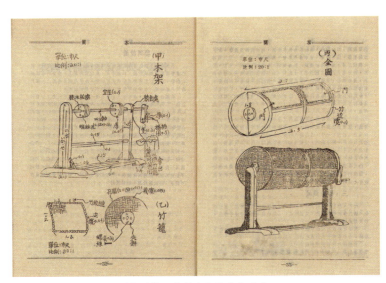

❧ 手摇回转做青机结构与尺寸

三、武夷岩茶主要传统工具及用途

1. 采茶工具　采茶工用的采茶篮；青篮，挑工用于收集采下茶青挑回茶厂。

❧ 青篮

　　2.晒青工具　青弧，摊置茶青；青筛，用于分别茶青之粗嫩；晒青架，承置水筛，用于晒青；水筛，摊置茶青入在萎凋架上使茶叶进行萎凋、摇青和晾青。以上工具都为竹篾制品。

　　3.做青工具　室内晾青架、水筛、活动十字架等。

❦ 晒青架

❦ 水筛

❦ 晾青架、水筛

4. 炒青工具　炒青灶、炒青锅，还有磨锅石、小青帚、小斗箕、炒茶刀、软篓等。

5. 揉茶工具　揉茶篾、揉茶台等。

6. 烘焙工具　焙窟、焙笼、焙筛、焙脚篾、焙刀、灰勺、披灰刀等。

7. 拣别工具　拣茶板、拣茶篾、软篓、竹椅等。

8. 精制工具　簸箕、茶筛（型号有头筛至九号筛及铁板筛）、大号簸箕、簸茶弧（焙弧）等。

9. 装箱工具　布茶袋、木箱、锡茶箱、铁皮箱等。

❧ 炒青灶、炒青锅

❧ 揉茶篾、揉茶台

❧ 焙笼

第三节 新时代茶机具革新

一、初制机械

1954年，崇安茶叶试验场开展茶叶制作工具改革活动，场长张天福带头创五四式"木质手推双动揉捻机"。1955年，崇安茶叶试验场作业区主任姚月明等设计竹木结构流水式滚筒摇青机，试用推广后改为金属结构直流式摇青机。

1957年，崇安茶场姚月明等试验建立多层次萎凋推进房，仿制日本臼井式揉茶机。武夷山桐木关茶厂开始安装水力木质揉捻机。

1958年，崇安茶场场长姚月明设计了福建省第一条热风萎凋槽，以及四锅联轴式杀青机和解块机；同时从浙江引进自动烘干机，初步实现崇安茶场茶叶初制机械化；1959年设计了乌龙茶专用第一台双列联动式摇青机。

🌱 木质手推双动揉捻机（郑友裕 摄）

🌱 半臂推力式双桶水力揉茶机

🌱 双列联动式乌龙茶摇青机

1958年以来，陈清水先后改进革新的茶叶初制机械有36个型号。其中经改进后推广的有23个型号：即揉茶机四种（水力、30型、35型、40型），杀青机四种（五八型、80型、90型、110型），烘干机热炉三种（无烟灶、规格化热炉、立式电热炉），30型立式解块机，管道加温萎凋室，手拉式烘干机二种（即73-1型、73-2型），链式自动烘干机五种（即509型、6CH6型、6CH8型、6CH12型、6CH16型）和乌龙茶整形机，自控去湿机，90型茶青脱水机。革新的机种有13个型号：即锅式杀青机三种（单锅、双锅、四锅），转筒杀青机二种（即80型、90型悬式两用机），储青晾青机，乌龙茶恒温恒湿车间，小种红茶烟焙房，920型和1200型乌龙茶综合做青机，乌龙茶综合机自动控制仪，油式电热升温机，组合式人工控制萎凋室。

陈清水还负责设计和具体经办完成商业部茶叶畜产局下达的科技项目：乌龙茶综合做青机。于1980年经省级科研鉴定。

1981年福建省崇安农械厂"茶机样本"有：

1．ZH1200型乌龙茶综合做青机

机械结构：

①滚筒直径×长度＝直径1 200毫米×2 000毫米。

②滚筒转速：16转／分。

③主电机功率：2.2千瓦。

④风机电机功率：2.2千瓦。

⑤风机风压：60毫米水柱。

⑥风机风量：6 000立方米／小时。

⑦产量：400～500斤／班。

⑧外形尺寸：1 550毫米×1 300毫米×3 000毫米。

⑨总重量：约450千克。

2．ZH920型综合做青机

机械结构：

🌿 ZH1200型乌龙茶综合做青机

①滚筒直径×长度＝直径920毫米×1 500毫米。

②滚筒转速：16转／分。

③主电机功率：1.5千瓦。

④风机电机功率：1.5千瓦。

⑤风机风压：50毫米水柱。

⑥风机风量：5 000立方米／小时。

⑦产量：200～250斤／班。

⑧外形尺寸：1 450毫米×960毫米×2 250毫米。

⑨总重量：约380千克。

3．GS1100型滚筒杀青机

机械结构：

①滚筒直径及滚筒长度＝直径1 100毫米×1 280毫米。

②滚筒转速：32转／分。

③主电机功率：2.2千瓦。

④风机电机功率：0.6千瓦。

⑤炉灶外形尺寸：1 435毫米×1 780毫米×2 000毫米。

⑥产量：240～300千克／小时。

⑦总重量：600千克。

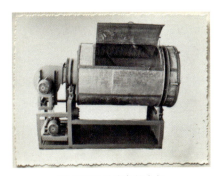

🌿 ZH920型综合做青机

🌿 GS1100型滚筒杀青机

4．GS800型滚筒杀青机

本机结构：

①滚筒直径及筒体长度＝直径800毫米×1 000毫米。

②滚筒转速：32转／分。

③主电机功率：0.6千瓦。

④风机电机功率：0.6千瓦。

⑤产量：150～200千克／小时。

⑥总重量：约350千克。

5．闽农40型茶叶揉捻机

机械结构：

①揉桶直径和长度＝直径400毫米×245毫米。

②拐臂偏心距：158毫米。

③揉盘直径：725毫米。

④揉桶回转速度：50～60转／分。

⑤配用电机：1.1千瓦。

⑥揉桶容叶量：10千克。

⑦每桶揉捻时间：15～20分钟。

⑧外形尺寸：1 340毫米×900毫米×800毫米。

⑨总重量：约180千克。

GS800型滚筒杀青机

闽农40型茶叶揉捻机

6．RC-30型茶叶揉捻机

机械结构：

①揉桶直径 × 高度＝直径300毫米 ×235毫米。

②拐臂偏心距：150毫米。

③揉盘直径：625毫米。

④揉桶回转速度：55 ～ 60转／分。

⑤配用电机：0.8千瓦。

⑥揉桶容叶量：16斤。

⑦每桶揉捻时间：10 ～ 20分钟。

⑧外形尺寸：892毫米 ×892毫米 ×1 266毫米。

⑨总重量：约160千克。

7．JK320型茶叶解块机

机械结构：

①解块机筒直径和长度＝直径320毫米 ×400毫米。

②主轴转速：560转／分。

③电动机功率：0.6千瓦。

④外形尺寸：1 023毫米 ×1 146毫米 ×400毫米。

⑤总重量：约80千克。

⑥生产效率：400 ～ 500千克／小时。

RC-30型茶叶揉捻机　　　　JK320型茶叶解块机

商业部重大科技成果二等奖：
乌龙茶综合做青机

乌龙茶综合做青机，1983年荣获商业部重大科技成果二等奖。1984年编入中国农业百科全书茶叶卷，1987年列为国家级科研成果（国家级科研成果登记号81A810671）选入《中国技术成果大全》。

1993年陈清水退休，次年受聘为武夷山市茶叶科学研究所顾问，继续研究乌龙茶萎凋机、乌龙茶综合做青机电脑程控仪、余热回收无烟灶、茶青脱水机、电焙笼等。

1962年，中国农科院下达崇安茶场完成乌龙茶初制机械科研课题，在原有基础上加以改进，主要是将萎凋槽从单条式改为双条式，框架改帘式、弧形底改平底，竹篾网改金属网，杀青机从四锅改为三锅，揉捻机平盘改凹盘，棱骨直形改为弯形，固定式改可变式，筒径30厘米改为40厘米，解块机单层改双层等。

地区外贸站研制的62型杀青机，分为手摇单锅、双锅两用、动力四锅三种。崇安茶场装置双锅连续杀青机和四锅同轴联装杀青机。

乌龙茶机械开拓者、
功臣——陈清水

二、精制机械

据1991年底统计，武夷山市有精制厂9家，共设有抖筛机14台，平园机22台，风选机30台，拣梗机31台，切茶机12台，烘干机12台，滚筒平圆机4台，电脑拣梗机1台，其他机具20台。

三、茶园机具

闽北茶叶种植长期处于小农经济状态。新中国成立以前，生产工具简陋，刀耕火种，多为锄头、劈刀、锹、铲、钯等铁制工具。20世纪50年代初，大规模开垦荒山种茶，茶园开始使用台刈器、修剪刀、喷雾器。1954年底崇安茶场引进德特54、热烘25型拖拉机四铧、五铧犁、无壁深耕犁、中耕器等。

1957年引进仿制手动采茶器和采茶剪，不久有小型电动采茶机和机动往复切割式采茶机、修剪机。

1958年崇安黄柏大队始有竹制自流喷灌苗圃，推广全区，70年代起逐渐发展了大小电力喷灌点20多处，有固定式或流动式喷灌机200多喷头（台）。

1982年地区茶叶公司引进XD750型单人修剪机，XS1040型双人修剪机及4CSW910型双人采茶机各一部。

❧ 崇安茶场拖拉机中耕除草

四、崇安茶机厂生产的茶机产品

主要有：ZH1200型乌龙茶综合做青机、ZH920型乌龙茶综合做青机、GS1100型滚筒杀青机（适绿茶、乌龙茶）、GS900型滚筒杀青机（适绿茶、乌龙茶）、GZ800型滚筒杀青机（适绿茶、乌龙茶）、JK320型茶叶解块机（绿茶）、闽农40型茶叶揉捻机（绿茶、乌龙茶）、KE-30型茶叶揉捻机（绿茶、乌龙茶）。

五、当前使用茶机

随着城镇化水平逐渐推进，从事茶业劳作人员大幅减少和茶叶生产用工紧缺的矛盾日益突出，目前农村劳动力相对短缺，而茶叶生产季节性强，农机化是茶产业提质节本增效的有效措施，机械化在茶叶种植、管理、采摘、加工制作、精制包装等方面的作用越来越突出。

武夷山市过去家庭小作坊式的茶厂占多数，机械化水平不高，通常只有几台做青机、揉捻机。现在由于有财政补贴以及武夷山茶叶品牌的做大做强，普遍都在扩大厂房和增加机械设备，修剪机、采茶机、做青机、揉捻机、烘干机、色选机等茶叶机械均有配置，基本满足茶叶生产需求。

从2008年开始茶叶生产和加工机械执行国家财政补贴（省级补贴）。据统计，近6年（即从2015年到2020年）武夷山市茶叶机械申请使用补贴资金超1亿元。据统计，截至2020年，武夷山市现有各类茶叶机械39 811台（其中：采茶机3 814台、茶树修剪机7 268台、茶叶初加工机械含揉捻、综合做青机、烘干机等28 729台）。在茶园中耕方面，武夷山市茶园中耕机械主要采用微耕机进行作业，拥有3 122台；在茶叶植保方面，拥有各类植保机械3 713台，自走式植保机械394台，植保无人机68台，铺设茶园搬运轨道150余条。这些新机具的推广与应用，进一步带动了武夷山市茶产业机械化的升级。茶叶机械具体情况如下。

1. 茶园管理机械　主要用于茶园中耕、灌溉、病虫害防治、修剪等作业。

（1）茶园中耕机械。目前，武夷山市茶园中耕机械主要采用微耕机作业，主要为配置功率为4.0千瓦型号的微耕机，杭州落合机械制造有限公司，CR-2B型自走型自动深耕机等。

（2）茶园灌溉机械。节水灌溉类机械，主要为离心泵、微灌设备等机械。

（3）茶园修剪机械。茶树修剪机主要品牌为浙江川崎茶叶机械有限公司生产的SM110双人茶树修剪机、OHT-750Z单人茶树修剪机；杭州落合茶叶机械制造有限公司生产的R8GA1双人茶树修剪机、OHT-750Z单人茶树修剪机等。

（4）茶园植保机械。武夷山市的茶山、茶园多数采用自走式喷杆式喷雾机进行植保作业，主要为台州珈达农业机械有限公司生产的3WZ-JD180，福建省宇辰农林机械有限公司生产的3WP-600，浙江勇力机械有限公司生产的3WPZ-200A等型号、风送式喷雾机、植保无人机（主要品牌为大疆、北方天途、福建协创等），以及动力喷雾机（分背负式与担架式）。

2．采摘机械　茶叶采摘作业具有用工量多、劳动强度大和季节性强等特点，武夷山市每年春茶生产季节集中在4—5月，以往需要雇请大量的采茶工，本地人手紧缺时，则到邻省江西去雇请，需支付的工资成本很高，仍然不能满足茶叶生产需求。实现机械化生产以后，生产效率提高几十倍甚至上百倍，不仅节约大量的劳动力，节约了生产成本，而且增加了农民的收入，有力地促进武夷山市茶业生产的发展。现阶段，武夷山市除名优茶（正岩）采摘使用手工之外，茶叶采摘基本实现机械化。

采茶机主要品牌为浙江川崎茶业机械有限公司生产的SV100双人采茶机、SV110双人采茶机，杭州落合机械制造有限公司生产的V8NEWZ2双人采茶机等。

3．加工机械　武夷岩茶加工，主要工序有做青、炒青、揉捻、烘干、色选等。

（1）萎凋机。茶叶萎凋机是近年新研发的机具，是解决茶叶雨青萎凋的关键技术环节。目前，主要品牌为福建省武夷山市永兴机械制造有限公司生产的YX-6CW30、YX-6CW50，武夷山市富通农机科技有限公司生产的FT-6CW-30、FT-6CW40、FT-6CW30、FT-6CWS30、FT-6CW40、FT-6CWS40，武夷山市武岩农机科技发展有限公司生产的WY-6CW30、YX-6CW40，武夷山桐晨茶业机械有限公司生产的TC-6CW30、TC-6CW40，武夷山市顺鑫农机科技有限公司生产的SX-6CW30、SX-6CW40，武夷山宏远茶叶机械有限公司生产的HY-6CW40-S、HY-6CW40-Y等。

（2）乌龙茶综合做青机。乌龙茶综合做青机是武夷岩茶不可或缺的制作设备，是武夷山市拥有量最大的茶叶机械品目，主要品牌为武夷山市永兴机械制造有限公司生产的6CZ-110（非不锈钢）、6CZ-110B、6CZ-120（非不锈钢）、6CZ-120B四种型号，武夷山市兴龙茶叶机械有限公司生产的XL-6CZQ-110、XL-6CZQ-110B两种型号，武夷山市贤盛茶叶机械有限公司生产的XS-6CZQ-110（非不锈钢）、XS-6CZQ-110B两种型号，武夷山市芳茗茶叶机械有限公司FM-6CZQ-110B、FM-6CZQ-110（非不锈钢）、FM-6CZQ-120（非不锈钢）三种型号，武夷山市恒鑫茶叶机械有限公司生产的HX-6CZQ-110（非不锈钢）、HX-6CZQ-110B、HX-6CZQ-120（非不锈钢）三种型号，武夷山市安平茶叶机械有限公司生产的SX-6CZQ-110（非不锈钢）、SX-6CZQ-110B两种型号，武夷山市助农茶叶机械有限公司ZN-6CZQ-110（非不锈钢）、ZN-6CZQ-110B两种型号，还保存有联动式乌龙茶摇青机等。

武夷山市开元智能科技有限公司，乌龙茶电脑程序控制做青仪，型号：W28T4G-TS1；福州子叶自动化科技有限公司，乌龙茶程控做青系统，电脑板型号：WSTS10，控制终端型号：WS2530。

（3）四筒联动式乌龙茶摇青机。

①四筒联动式乌龙茶摇青机的工作原理：是仿手工摇青不断旋转翻滚，使叶缘细胞组织经摩擦逐渐破损而达到做青工艺要求。启动开关，电机链轮驱动，使四个圆筒一齐转动，在筒内的青叶与筒壁的钢丝网摩擦并散发水分作用，在静置时又起到发酵作用。

②四筒联动式乌龙茶摇青机的结构：由木框架、圆木笼、木笼盖、电机、传动装置、调速控制开关等组成，其结构图如下：

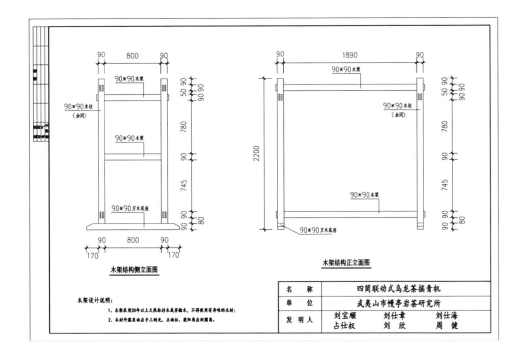

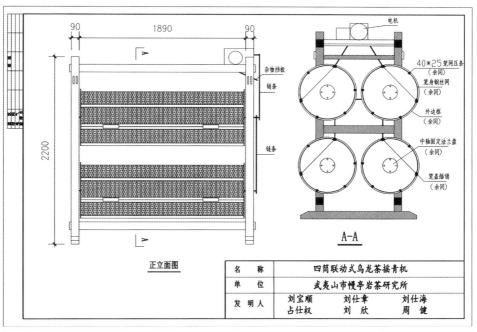

正立面图

A-A

名　称	四筒联动式乌龙茶摇青机		
单　位	武夷山市慢亭岩茶研究所		
发明人	刘宝顺	刘仕章	刘仕海
	占仕权	刘欣	周健

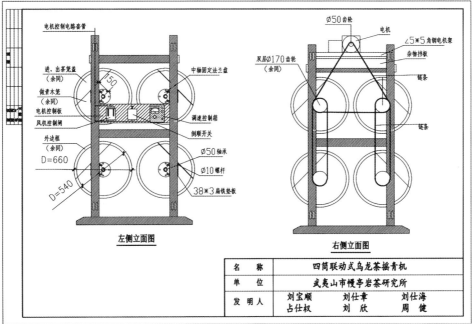

左侧立面图

右侧立面图

名　称	四筒联动式乌龙茶摇青机		
单　位	武夷山市慢亭岩茶研究所		
发明人	刘宝顺	刘仕章	刘仕海
	占仕权	刘欣	周健

❥ 四筒联动式乌龙茶摇青机结构图

③四筒联动式乌龙茶摇青机，由武夷山市幔亭岩茶研究所设计发明，2015年获得实用新型专利发明证书。

④做青时，保持做青间温度在25～26℃，相对湿度75%左右，每个筒的投入青量为10～15千克，且不超过中心轴，四个筒的投青量要均匀，联动式乌龙茶摇青机没有吹风设备，采用钢丝网既便于自然走水又使人可以一目了然筒中茶青的变化状况，起到模仿手工做青的效果。

（4）杀青机。武夷山市兴龙茶叶机械有限公司6CST-110型杀青机，武夷山市富通农机科技有限公司FT-6CST-110S型，武夷山市顺鑫农机科技有限公司SX-6CST-110S型，武夷山贤盛茶叶机械有限公司SX-110S型，武夷山市望舒茶业机械有限公司WS-6CST-110S型，武夷山市武岩农机科技发展有限公司WY-6CST-110S型，武夷山市鑫华茶叶机械制造有限公司XH-6CST-110S型，武夷山桐晨茶业机械有限公司TC-6CST-110S型等。

（5）揉捻机。主要品牌为浙江武义增荣食品机械有限公司生产的6CR-55、6CR-45、6CR-35三种型号，浙江上洋机械股份有限公司生产的6CR-55型号，泉州得力农林机械有限公司生产的DL-6CRT-55、DL-

🌱 2015年获得实用新型专利发明证书

🌱 四筒联动式乌龙茶摇青机

6CRT-45、DL-6CRT-35三种型号，浙江春江茶叶机械有限公司生产的6CR-Z55、6CR-Z45两种型号，武夷山市永兴机械制造有限公司生产的6CR-55B型号，临安天茗茶机有限公司生产的6CR-55、6CR-45、6CR-35三种型号。

（6）烘干机。烘干机主要品牌为浙江品峰机械有限公司生产的6CH-10、6CH-20、6CH-30、6CH-40型四种型号，泉州得力农林机械有限公司DL-6CHZ-6、DL-6CHZ-9B型，福建省金火机械有限公司JH-6CHZ-6型等。

（7）色选机。前几年，武夷山市茶叶色选机械缺少，茶叶初制后的拣剔主要靠人工，不仅速度慢，而且成本高，很多厂家常常因为人工紧缺，不能按时供货，影响了生产的发展。在引用茶叶色选机后，茶叶拣剔效率高，一台色选机可抵几百个人工，拣剔成本也很低，每斤茶叶色选成本只需人工的几分之一，很受农户的青睐。目前主要品牌有安徽中科光电色选机械有限公司生产的6CSX-256IIA、6CSX-384ⅢB、6CSX-384ⅢE型，合肥美亚光电技术股份有限公司生产的6CSX-200SD、6CSX-300ⅢD型，安徽捷讯光电技术有限公司生产的6CSX-768S、6CSX-640S、6CSX-512S型，合肥泰禾光电科技股份有限公司6CSX-378、6CSX-378V、6CSX-378ⅡFHa、6CSX-378ⅡFHb等型号茶叶色选机。

烘干机

色选机

（8）风选机。主要有武夷山市兴龙茶叶机械有限公司6CFC-40风选机等。

风选机

（9）包装机械。主要有福建长荣自动化设备有限公司生产的全自动整形包装机CR-288，三角袋内外袋包装机CR-398-GD，小罐茶全自动包装机CR-XGCO2三种型号，泉州市佰辰机械设备有限公司BC-X500型茶叶自动分装机等。

第六章

武夷岩茶采制

　　武夷岩茶是乌龙茶的始祖，武夷山是乌龙茶的发源地。武夷岩茶的采制工艺，是武夷山人民经过千锤百炼而创造发明的，是集体智慧的结晶。早在1717年，陆廷灿《续茶经》中引录王草堂之《茶说》，文曰："武夷茶自谷雨采至立夏，谓之头春。……茶采后以竹筐匀铺，架于风日中，名曰'晒青'，俟其青色渐收，然后再加炒焙。阳羡、岕片，只蒸不炒，火焙以成；松萝、龙井，皆炒而不焙，故其色纯。独武夷炒焙兼施。烹出之时，半青半红，青者乃炒色，红者乃焙色也。茶采而摊，摊而摝（按：摝，摇的意思），香气发越即炒，过时、不及皆不可。既炒既焙，复拣去其中老叶、枝蒂，使之一色。"对武夷岩茶的制作工艺描绘得淋漓尽致，时至今日，武夷岩茶的制法依然延续着这种传统工艺的特点。

　　当代著名茶学家陈椽说："武夷岩茶创制技术独一无二，是全世界最先进的技术，无与伦比，值得中国劳动人民雄视世界。"2006年武夷岩茶制作技艺作为全国唯一制茶技艺，被列入首批国家级非物质文化遗产名录。

茶学家陈椽评岩茶制作技术

　　要成为一位武夷岩茶采制能手，不光要持之以恒地学习理论知识，接受经验丰富制茶师傅传习，还要不辞劳苦地参与生产、采制、加工等实践工作。在制作加工的过程中，掌握各个工序合适的工艺，既能知其然，又能知其所以然，从而获得比较扎实的理论功底和丰富的采制经验。这是每个制茶行家必须经历的成长之路。武夷岩茶的加工制作，需通过制茶师傅的视觉、嗅觉、触觉、听觉等感官来判断青叶在加工过程中的变化情况，判断每道工序与工艺是否达到要求。在武夷岩茶萎凋、做青、杀青、揉捻、初焙、凉索、复焙各工序中，对青叶的颜色、含水量、气味、形态等变化进行判定，是一项技术性很强的工艺。为了准确判定青叶变化程度，制茶人员必须不断锻炼和提高判别能力，掌握制作要点，结合做青环境条件（包括温度、湿度、空气新鲜度等），灵活掌握工艺参数，才能使成茶最大限度地突出武夷岩茶独特的品质。

武夷岩茶是乌龙茶的珍品，由于武夷山得天独厚的自然生态环境和严谨科学的采制工艺，形成其"臻山川精英秀气所钟，品具岩骨花香之胜"的独有品质和风格，令人为之倾倒与神往，耐人寻味。茶人往往以品武夷岩茶中"岩韵"为之珍贵和至高享受，博大精深。"岩韵"也成为老茶人的毕生追求、无法穷尽的魅力，让更多的茶人痴迷于此！

第一节　武夷岩茶采摘

武夷岩茶品质的形成，首先取决于鲜叶原料的质量，鲜叶原料是形成武夷岩茶品质的内在物质基础和根本。采摘标准与其他茶类不同，有特殊要求，对品种适制性、采摘标准、季节、天气、时间、鲜叶处理等都有一定的关系。

一、适制品种

鲜叶原料内含有效成分的高低，以及比例和适制性取决于品种。武夷岩茶有水仙、肉桂、大红袍三大主栽品种。水仙是闽北乌龙茶的望族，适制性广泛，基本茶类皆可制作；肉桂是武夷岩茶20世纪80年代发展起来的一颗新秀，当今市

🌱 手工采摘

🌱 水仙品种茶园

场倍受追捧；大红袍原为名丛，知名度极高，2012年通过审定成为福建省优良茶树品种；当地有性群体的菜茶、武夷名丛和近年来福建省茶叶研究所选育的优良品种，都是武夷岩茶适制的品种。

二、采摘标准

鲜叶原料为适应武夷岩茶萎凋、做青工艺的要求，新梢达到驻芽形成开面的成熟度，俗称开面采，以采驻芽二至三叶为好，这种较成熟的新梢醚浸出物和水溶性酚类物质含量都有较高，并成一定的比例（1∶2）。嫩梢在生长过程中各种儿茶素含量发生复杂的变化，良好岩茶品质的形成，要求酯型儿茶素的含量愈少愈好，非酯型儿茶素的含量则愈多愈好，因为岩茶做青时间较长，要求儿茶素缓慢地氧化而又不大量缩合为水不溶性物质。而酯型儿茶素较易氧化缩合，非酯型的氧化速度则较慢，因此，以三四叶驻芽梢最符合要求。但四叶驻芽梢各种儿茶素的含量都较三叶驻芽梢的少，制成岩茶后茶汤的滋味就不及三叶驻芽梢浓厚，因此，以三叶驻芽梢为最好，对武夷岩茶香气和滋味起主导作用。采五六叶则过长过老，影响萎凋、做青的均匀度，造成成本高、品质下降等不利因素。不同的品种有各自不同的特性，从而有不同的采摘标准要求，如水仙最好在大开面采，肉桂在小、中、大开面皆可采，大红袍在中、大开面采为宜。茶园单一品种面积小可以掌握到中、大开面时开采；而茶园面积大、产量多、采摘人手不充足的在小开面时就要开采，否则到后期来不及采。用偏嫩的鲜叶原料加工的成品茶，外形色泽红褐、灰暗，条索紧细，香气低，滋味苦涩；用偏老的原料加工的成品

小开面　　中开面　　大开面

茶，形粗大轻飘，香气粗短，滋味粗淡，毛茶精制率低。

三、采摘时期

首日采摘茶青鲜叶原料，俗称为"开山"。开山前一周，每日须至茶园巡视观察新梢生长的状况，如驻芽是否形成、开面程度等。如果有80%的新梢驻芽形成开面，顶叶开展并有一定的厚实度，就可决定开采日期。

❧ 武夷山市慢亭岩茶研究所祭茶仪式

武夷岩茶按采摘季节可分为春茶、夏茶和秋茶；以春茶为主，夏、秋茶产量极少。春茶在4月中旬或下旬开采，采摘期半个月以上，夏茶在6—8月，秋茶在9—11月采摘。品质以春茶最好，香高味醇厚；秋茶次之，香气尚高，滋味略涩；夏茶最差，香气低，滋味苦涩。从醚浸出物和水溶性酚类物质的含量及两者的比例来看，不同季节鲜叶中各种儿茶素的含量，也是春茶最适合武夷岩茶的要求，秋茶次之，夏茶最差。在同一茶季中，采摘日期的早迟，对武夷岩茶鲜叶的品质也有很大影响，同样可以从醚浸出物和水溶性酚类物质的含量及两者的比例来看。一天中采摘的时间，鲜叶品质以14—16时采的最好，其次是9—11时采的。露水青，最不易制成好茶。除了含水量的影响外，与鲜叶光合作用在一天中的变化规律也有关。一天中光合程度的大小基本是随光照强弱温度高低而变化。在茶树生长旺期的正常气候条件下，茶树光合作用对光照、温度的要求有一定范围，超过一定范围，光照不断增强，温度继续上升，光合作用不但不相应增强，反而受到抑制。因此，中午前后出现"午睡现象"，光合作用在一天中形成具有两个高峰：一般以上午出现的第一个高峰较高，下午出现的第二个高峰最高，但也因天气不同而有变化。光合作用愈强，形成的碳水化合物和代谢产物也愈多。对武夷岩茶鲜叶的品质而论，单糖含量愈多愈好，双糖则相反，比例愈大愈好。单糖含量多，不仅使茶汤滋味醇厚回甘，同时在炒青和烘焙时产生焦糖香，与形成特殊的"岩韵"也有密切关系。

四、鲜叶管理

分堆放运，不得混乱。鲜叶要按山场不同，品种不同，批次不同分堆放运，采用青篮装运茶青，可透气散热，途中挑运不要超过2小时，以免茶青发热劣变。

防止挤压、日晒。采下的茶青要轻轻倾入青篮，不要压挤，以免损伤梗叶。茶青装好放于荫凉处，挑运时在青篮顶上用杂草或树枝叶等披盖，以免阳光直射。

挑青（翁滨　摄）

第二节　武夷岩茶初制

　　武夷岩茶制作工艺是实现鲜叶原料向武夷岩茶品质特征转化的外在条件。工艺技术的正常发挥，各工序掌握恰到好处，岩茶内含物质的消耗、转化、累积，最终其内含成分含量及比例达到相对平衡调和的状态，亦就是各工序在整个工艺过程中相辅相成的综合表现，就能形成优良品质的岩茶。

　　武夷岩茶传统制作工艺程序为：晒青→晾青（萎凋后的晾青）→做青（摇青⇌晾青）→初炒→初揉→复炒→复揉→毛火→扬簸→凉索→拣剔→足火→吃火→团包→坑火（补火）15道工序。现在岩茶加工已初步实现制茶半机械或机械化，工艺相应简化为：萎凋、做青、杀青、揉捻、烘焙（初焙、凉索、复焙）五大工序。

Y 做堆（摊青）

一、萎凋

　　萎凋是岩茶加工过程中的第一道工序。萎凋不仅是一个逐步失水的物理变化过程，更是一个复杂的化学变化过程，这两种变化相互联系、相互制约。它是形成香与味的前提，为后续工序打好基础。其作用是鲜叶在短时间内散发一小部分不必要的水分。由于叶细胞组织脱水，引起蛋白质理化特性的改变，细胞器的结构和功能改变，叶细胞膜透性及酶活性渐趋增强，特别是水解酶活性较显著。酶由结合态变为溶解状态，酶活性增强，产生以酶促水解为主的生化变化，促使叶内贮藏大分子不可溶性物质，如淀粉、蔗糖、蛋白质、果胶以及少量的脂类等物质发生氧化降解，生成可溶性糖、氨基酸等小分子、溶解度大的简单物质。如果青叶水分丧失过多，失去生机活力，就不可能制成优质的岩茶，岩茶萎凋一般掌握"宁稍轻勿过重"的原则（萎凋叶水分散失过多是不可补救的），更主要的是着重由叶色的变化和香气挥发程度来决定。因此，往往不能单以温度、湿度、时间、减重等为依据来决定萎凋程度。在萎凋前期青叶显有水气味和强烈的青臭气，随着萎凋的进展，由于内含物产生化学变化，形成带有清香气味。叶色由鲜绿逐渐转变为暗绿色，且失去原有光泽。萎凋方式有日光萎凋和加温萎凋，日光萎凋成茶品质最佳与功效高。日光萎凋中又分水筛与晒青布二种处理，质量以水筛优于晒青布，功效则晒青布大于水筛。加温萎凋是在雨青或晚青的情况下采用。加温萎凋分为焙楼（青楼）、萎凋槽和乌龙茶综合做青机三种。

　　✿ 姚月明先生传授开青技艺（邱汝泉　摄）

　　✿ 晒青布日光萎凋（吴心正　摄）

（一）日光萎凋

　　采取日光萎凋晒青场所要宽敞，人工要配足，晒青才能顺利进行，用水筛或晒青布将鲜叶均匀地摊开，摊青厚度0.5～1千克／平方米。晒青时长应根据鲜叶老嫩、品种、采摘时间、气候等因素，看天晒青，看青晒青，一般为15～30分钟，中间翻青1～2次。在阳光强烈的时候，用手背触感地面有烫手之觉，不宜晒青，否则青叶被灼伤而造成死青。被晒伤的萎凋叶闻上去会有很浓的青臭气，在晾青过程中，可看到大面积红变坏死的叶片，嗅之是死青气味。

　　日光萎凋在阳光下进行，与阳光强弱、气温高低、风速、地面辐射等有密切关系，晒青的主要目的是利用日光照射，提高叶温，蒸发部分水分，促进酶的活性，引起一系列的内含物化学变化。酶的活性受紫外线和红外线的影响很大。

在一定限度内，紫外线能促进酶的活性。红外线能使叶子内部温度迅速上升，蒸发水分，同时也促进了酶的活性，但达到一定程度，又会破坏酶的活性。如果水分蒸发过多，原生质失去亲水性，以后就不能再吸收水分，或酶活性破坏，内含物化学变化无法进行，叶子都会变成"死青"，严重影响成茶品质。

（二）加温萎凋

加温萎凋与温度、热风量、风压、水气散发速度等有密切关系。用焙楼加温，温度不能超过39℃，超过则青叶不能翻拌，一翻即红。遇阴雨天气或晚青，采用萎凋槽进行萎凋。将茶青摊放槽内，一般摊叶厚度15～20厘米，在槽底鼓以热风，利用叶层具有空隙透气的特性，热风吹击并穿过叶层，达到萎凋之目的。风温30～38℃，历时1～1.5小时。其间需翻拌1～2次，使萎凋均匀。萎凋适度可参考日光萎凋的标准。现在生产上普遍使用乌龙茶综合做青机，晚青或雨水青直接在综合做青机中，通过吹热风进行萎凋。风温30～38℃，历时1.5～2小时，每隔一定时间要轻摇翻转青叶，使萎凋均匀。萎凋适度可参考日光萎凋的标准。

🌱 乌龙茶综合做青机萎凋

日光萎凋在岩茶初制加工中之所以能优于加温萎凋，不但由于其功效高，而且能节省一些设备、燃料、电等费用，更主要的是成茶品质优良。由于日光萎凋能促进化学变化，特别是多酚类的转化以及对叶绿素之破坏力，在晒青时水浸出物含量的增加，可能是不溶性的蛋白质和淀粉等因酶促作用而分解成水溶性的氨基酸和糖类；同时水溶性物质含量的增加也起了一定的影响。水溶性物质是许多种酚类物质的总称，在晒青时变化较复杂，但在鲜叶生机没有完全消失前，儿茶素的合成以及水不溶性物质转化为水溶性物质等变化都是可能发生的，需要创设一定的条件促使这些变化的发生，使茶汤滋味随着水溶性物质和水浸出物的增加而变为浓厚，同时氨基酸和糖类的产生又可使香味都变为鲜甜。各种儿茶素在晒青过程中虽略有减少，但主要是脂型儿茶素的减少，非酯型儿茶素减少极少，使参数向着有利于岩茶品质的方向变化，这对形成岩茶特殊品质都起着良好的作用，特别是在香气的形成和挥发上，在实际生产中可明显地感觉到这些。同样萎凋适度萎凋叶，日光萎凋的叶色淡而黄亮，并有明显的清香；而加温萎凋的，除没有日光作用外，摊叶较厚，虽温度较高，但仍需较长时间，萎凋叶亦不均匀。同时空气不易流通，水蒸气和青气也不易发散，影响品质。不仅如此，由于萎凋方法不一样，还影响到整个工艺的物质变化过程，使成茶的品质有明显的差异。经日光萎凋的成茶具有香气高、滋味醇厚、叶底鲜亮的特点，而加温萎凋的成茶香气低且均夹杂烟味，不够清纯，味青涩，叶底暗杂。

（三）萎凋适度

萎凋主要是根据叶态的变化来掌握萎凋适度。刚采摘下来的青叶表面富有光泽、鲜绿色，经萎凋后逐渐转为暗绿，失去原有的光泽；嗅之由青臭气及夹杂水气变为略有清香呈现；用手摸青叶由硬变稍软，叶缘稍卷缩，手持茶梢基部第二叶会自然下垂为适度。减重率为10% ～ 15%，但梗中还保持较充足的水分为适度，即可移入室内晾青。

🌿 萎凋适度的叶色

二、萎凋后的晾青

其作用是继续萎凋，因在晾青过程中青叶还在继续丧失水分（一般减重2% ～ 4%），时间为50 ～ 60分钟，但实际是让梗中水分及内含物质输送并扩散于叶面的水分平衡运动的作用，等柔软的叶子变硬，恢复叶细胞的紧张度。

武夷岩茶初制，是在人为控制的条件下，引发叶内一系列的生物均匀而缓慢地进行化学变化，充分利用输导组织中的有效成分。鲜叶各部分的含水量是不同的，梗脉中较多而叶片中较少，但蒸发速度则相反。因叶片与空气接触面大，叶背又有气孔，嫩叶还可通过表面角质层蒸发，所以经过萎凋后梗脉与叶片含水量的差异就更大。为了使各部位的水分重新均匀分布，降低叶温，预防生物化学变化过分剧烈，避免水溶性酚类物质氧化缩合为水不溶性后影响茶叶品质，因此，无论在晒青或加温萎凋后都须晾青。

🌱 萎凋后的晾青

在晒青或加温萎凋后，叶片部分的水分迅速蒸发，呈萎凋状态。因梗脉与叶片失水程度不同，晾青时水分和内含物质从梗脉向叶片输送，叶片恢复紧张状态，故又俗称为"还阳"。从实际生产中，以筛中之萎凋叶部分叶尖因变硬能穿过筛孔为适度。只有这样，就为下一个工序——做青作好准备。

三、做青

武夷岩茶做青技艺的发明，是武夷山茶人对茶界的贡献。做青技术是乌龙茶半发酵工艺诞生的标志性工序。

（一）做青目的

做青的目的是经过摇青，破坏叶缘细胞组织。通过晾青或吹风促进青叶走水和继续萎凋，使青叶内含物发生一系列化学变化，形成武夷岩茶独有的色、香、味品质特征。

（二）做青原则

做青要掌握"看青做青、看天做青""循序渐进"的方法，就是根据茶树品种、鲜叶的老嫩度、萎凋程度、上午青与下午青、产地、天气、季节和温湿度等情况不同而采取不同措施；掌握重萎凋轻摇，轻萎凋重摇，多摇少做，先轻后重；摊叶厚度先薄后厚，吹风时间先长后短，静置时间先多后少，摇青时间先短后长的原则。

1. 看品种　茶树品种不同，叶片的蜡质层不同，蜡质层厚的品种耐摇，如

看青做青

大红袍、肉桂品种相对较耐摇，蜡质层薄的品种则不耐摇，如水仙品种就不耐摇；茶树品种不同，叶片的气孔数也不同，叶片气孔数多的品种，水分散发快，走水快，要注意保水，青叶要相应摊厚，吹风时间短；气孔数少的品种则相反；茶树品种不同，发酵难易程度也不同，容易发酵的品种宜轻摇，如水仙、八仙品种、白鸡冠与水金龟名丛等，不容易发酵的品种宜重摇，如大红袍品种、铁罗汉与半天夭名丛等。

2．看鲜叶老嫩度　茶青老嫩程度不同，其含水量不同，耐摇程度也不同。一般地，嫩的青叶含水量较高，走水时间相对要长，晒青程度要足，摇青要轻、次数要多，做青历时长；粗老的青叶含水量少，做青过程要注意保水，纤维含量高，摇青要重些，才能在一定程度上破坏叶缘细胞组织，从而达到摇青的效果。

3．看萎凋程度　萎凋轻的青叶，含水量多，叶张较硬挺，可以适当重摇，促进走水；萎凋重的青叶，含水量少，要注意保水，摇青要轻，做青历时短。

4．看鲜叶产地　茶园在坑涧的青叶，叶片相对大张，做青前期摇青要轻，含水量多些，做青历时长；山岗上或向阳的茶园，青叶相对小张，摇青可适当重些，含水量较小，做青历时短。正岩山场的青叶原料成分含量高，内含物丰富，做青时间可以根据需要适当延长；而外山茶青原料内含物较低，做青时间不宜太长，否则造成成品茶香低味淡。

5．看天气　清代阮旻锡在《武夷茶歌》中写道："凡茶之候视天时，最喜天晴北风吹。苦遭阴雨风南来，色香顿减淡无味。"说明武夷岩茶采制工艺与天气有密切的关系，天晴就能做好茶。天晴是北风天，空气湿度低，做青过程青叶容易走水，效果好；阴雨天为南风天，空气湿度大，不易走水，酶的活性低，成茶品质较差。空气湿度低茶青失水快，可以适当重摇，减少摇青次数，厚摊或少吹风，以免茶青"走水"太快，失水过度而影响品质；空气湿度高每次增多摇青转数，增加摇青次数，薄摊或多吹风，促进茶青"走水"。气温低，叶内化学变化缓慢，各次摇青转数适当增加，茶青适当厚摊，以促进叶内化学变化，否则发酵不足，香气低；气温高则相反。

6. 看季节　春季在采制春茶时，气温不高，空气湿度相对大，做青走水相对缓慢，摇青次数多，历时长，一般8～12小时；夏秋茶，气温高，空气湿度低，青叶失水快，摇青次数少，时间短，一般4～6小时。

阮旻锡《武夷茶歌》（节选）

（三）做青方式

做青是岩茶加工工艺中复杂而又关键的一道工序。它是以发酵为主，继续萎凋为辅，缓慢地兼具轻揉捻性质的过程。鲜叶经过轻萎凋后通过晾青，由于梗中水分通过叶脉输送到叶片，叶片很快恢复活力而"还阳"，进而又开始叶面水的散发，当叶面水散发速度大于梗脉水分补充的速度时，叶片又开始回软下来而"退青"。这时，开始正式进入做青工艺的摇青。通过摇青，在外力的作用下，一方面促进梗中水分与内含物质往叶片移动，青叶又"还阳"变硬；另一方面使青叶回转翻滚，叶缘细胞组织逐渐破损，茶汁外溢，接触空气，促进酶的活性和内含物质的氧化变化，同时做青必须在专门的做青间内进行，做青间要求清洁卫生，既能控温控湿又能通风透气，温度控制在22～28℃，以26℃左右为宜，相对湿度控制在75%～80%为宜。保持一定的温度和湿度以防止内含物质转化过快，使水分及内含物质的运送、消耗、转化、累积以及香气的挥发等均迟缓进行。

做青的前期，刚完成萎凋的青叶，叶态萎软，但含水量仍较高。做青前期主要目的是促进"走水"和恢复青叶的活力，摇青转数少而轻，一般第一次和第二次摇青以青气微露，叶态稍有紧张状态为适度，俗称"摇匀"；做青中期转数逐渐增加，第三次和第四次摇青以青气较显露，呈较明显的紧张状，叶缘略有红点为适度，俗称"摇活"；做青后期，青叶含水量降低，膨压减小，细胞组织汁液浓度增大，黏度变大，具备了经得起摇青振动而不致损伤折断的物理性特征，摇青历时长、程度重的特点，以便使青叶叶缘有足够的创伤面，一般第五次、第六次和第七次摇青以出现强烈青气和叶缘开始有红边为度，并逐渐往叶中间转红，俗称"摇红"；第八次或者最后一次摇青以有青气和叶缘红边明显，达三红七绿（俗称"绿叶红镶边"）为度。

目前，做青的方式主要有手工做青、四筒联动式乌龙茶摇青机做青和机械做青三种。

1.手工做青 包括摇青、做手、晾青和发篓，是武夷岩茶传统制作技艺的关键工序。

（1）摇青。用水筛，青叶置于其上，双手执水筛圆框三分之一处，筛面稍往人的方向倾斜，双手同时用力做前后左右、一拉一推地筛和一上一下地翻十分协调的手势动作。这时，筛面上的青叶开始旋转与翻滚呈半球形运动，也像地球的公转与自转，使青叶的叶缘与叶缘、叶面凸起部分、叶片与筛面互碰摩擦，破坏叶缘细胞组织，茶汁外溢，促进内含物的酶性氧化。摇青要遵守"先轻后重，转数由少到多"的原则。在实际生产时青叶本身对我们的视觉和嗅觉上会有所反应。青叶颜色随摇青程度增加而叶边从淡黄开始渐至金黄，后出现叶缘起红点，叶缘朱砂红转变；香气亦出现从清香、清花香、花香、花果香、果香（熟香）有规律的变化。摇青过重，叶缘颜色则是出现暗红或红褐色（俗称猪肝红），有时甚至带青黑色，香气不会出现兰花香，往往带有熟水气、死青气、酵味等，后期摇青没有摇到位造成红边不够，果香不浓，还会延长做青时间。

🍃 手工摇青

（2）做手。在做青的中后期往往辅以做手（做手与熟练程度亦有关系）。即用双手收拢青叶，轻轻拍打，不可使劲用力，动作应力求自然，目的是补摇青的不足，用手温促发酵。

（3）晾青。每次摇青或做手后将青叶摊放在青架上，以青气消退、香气显露为适度，即将开始下一次摇青。

🌱 做手

🌱 晾青适度判断

手工做青技术参数

项目 \ 摇青次数	一	二	三	四	五	六	七	八
摇青转数	10	15	30	50	60	70	80	80
做手次数	0	0	0	0	10	20	20～30	20
堆叶厚度（厘米）	2～3	3～4	5～6	8～10	10～12	10～12	10～12	10～12
晾青时间（分钟）	45	45	50	60	90	90	90	60

（4）发篓。是将做青叶集中放入软篓、青篮、焙弧中，厚度40～45厘米，以利于提高叶温，使做青叶充分地发生"熟化"作用。在最后一次摇青或晾青后进行，一般发篓历时为1.5～2小时。

🌱 发篓

做青过程气相、叶相变化表

次数 项目	一	二	三	四	五	六	七	八
香气	青气较重稍带清香	青气减轻清香渐浓	青气消退清香浓	清香退淡带清花香	清花香渐浓清香消退	花香渐浓带花果香	花果香渐浓带果香	果香浓微带花香
叶色	叶面绿色	叶面绿色退淡	绿色退淡、叶缘泛黄	叶面暗绿黄、叶缘起金黄色	叶面绿黄、叶缘淡红点扩大转深	叶面绿黄、叶缘朱砂红鲜明	叶面绿黄、叶缘朱砂红鲜明	叶面绿黄、叶缘朱砂红艳

注：叶色以第二叶为标准。由于第一叶较嫩易熟，第三、四叶较老而不易熟。故按做青师傅的习惯，长期以来均以第二叶作为掌握程度的标准叶。

手工做青在控制得当的情况下，成品茶质优，但功效相对较低，需大量熟练摇青工人，由于工人熟练程度、责任心不同等问题，同一批青叶的摇青程度难以一致，要注意监督管理到位。

2. 四筒联动式乌龙茶摇青机做青　四筒联动式乌龙茶摇青机做青包括摇青、静置和发篓，是仿手工摇青原理，依靠摇青筒的转动，促成青叶与筒壁铁丝网摩擦，使叶缘细胞组织逐渐破损和散发水分作用，在静置等青间歇时的发酵作用，从而达到做青工艺要求。采用铁丝网既便于自然走水又使人可以一目了然筒中茶青的变化状况，起到模仿手工做青的效果。其做青的效果与手工做青相近。

做青间保持室内温度在25～26℃，相对湿度75%左右，每个筒的投入青量为10～15千克，且不超过中心轴，四个筒的投青量要均匀。

四筒联动式乌龙茶摇青机没有吹风设备，青叶在萎凋时一定要达到适度要求，特别是水分含量高的茶青需采用两晒两晾方法，避免造成积水现象而影响茶叶品质。

经萎凋之叶进筒内，静置大约40分钟后进行摇青，开启电源

🌱 四筒联动式乌龙茶摇青机（吴心正　摄）

开关，青叶在其内成圆周旋转，而可达到摇青之目的。每次摇青与静置参照手工做青程度，通过铁丝网用鼻闻、眼看来判断。最后一道摇青结束，茶青下桶抖松装入软篓进行发篓，发篓时间为1.5～2小时，手伸入青叶有温感，青气转为浓郁花香、熟香即可炒青。

🌱 四筒联动式乌龙茶摇青机做青

应用四筒联动式乌龙茶摇青机，不但减轻做青劳动强度，而且摇青量大。整个做青的时间为8～12小时，摇青8～10次。

3．机械做青　机械做青的目的是通过吹风促进青叶走水、散发，经过摇青破坏叶缘细胞组织，在停置过程中内含物发生一系列的化学变化，形成武夷岩茶独有的色、香、味品质。

（1）吹风。通过鼓风，改善青叶的通透性，促进热气和水分的散发。吹风时间先多后少，每次要吹至叶面光泽失去（以第二叶为准），吹风持续时间一般不超过50分钟，以免叶片失水过度，梗脉中的水来不及补充，以致青叶干瘪死青，失去活力无法走水。

（2）摇青。在机械力的作用下，使茶青发生旋转、摩擦，叶缘组织发生损伤，促进内含物的酶促转化。摇青时间先短后长，转数由少到多，青臭气先轻后重，循序渐进，逐渐形成"绿叶红镶边"的特征。

🌱 吹风

🌱 摇青

（3）停置。停置时间先短后长，停至青叶中间有微热，青臭气味消退，香气显露，即可进行下一轮的摇青开始。停置持续时间一般不宜超过1小时，以免发生发酵过度的现象。

机械做青技术参数表

单位：分钟

做青	第一次	第二次	第三次	第四次	第五次	第六次	第七次	第八次
摇青时间	1	2	3～3.5	5～6	10～15	18～20	20～30	30～35
吹风时间	50	45	30	15	10	8	5	3
停置时间	30	35	40	45	50	55	60	60

春茶做青时间需要8～12小时，夏秋茶为4～6小时，主要受气候温湿度影响，温高湿低就快，反之则慢；白天比晚上快；青叶萎凋适度的较不足的快；日光萎凋比加温萎凋快。要是加速做青过程，缩短做青时间，化学成分则会转化不全，甚至无法完成，青气重，味苦涩，降低成茶品质；相反在某些特

🍃 停置

殊情况下（判断错误、睡着、忘记等）延长做青时间，造成内含物质过度转化而消耗，有效物质下降，失去应有协调平衡状态，香气低，滋味平淡，也会导致成茶品质下降的结果。

鲜叶从茶树上采下，经过挑运、萎凋到做青结束，都要尽量避免对青叶人为损伤。操作可能是梗子叶脉折断，可能是叶子折伤和不注意时踩伤，也可能是在加温和用竹席或晒布日光萎凋时，翻青、收青、上筛、进桶用力不当，还可能是烈日灼伤、高温烫伤、摇青力度太大或转速太快。受伤青叶难以制成优质的成品岩茶。其原因主要是受伤部位水分无法畅通走水、平衡扩散和内含物质的移动。

由于细胞机械损伤后，茶汁外溢而引起无法控制的化学变化，同时亦阻碍了前后梗叶部分的正常活动。因此，在实际操作中能明显地看到受伤部位由红变成为红褐色，而非受伤部位则始终保持暗绿，甚至带青黑色。受伤青叶制作的成品茶带有水气和红茶气味，缺乏活泼爽快的刺激感，叶底则显暗杂，质量不高。

（4）做青适度。武夷岩茶做青适宜做熟，以第二叶为准，绿叶红镶边，达三红七绿，可用手触、眼看、鼻闻判断。

手触：在做青过程中青叶由于水分缓慢蒸发，变得发挺，特别是其叶尖有刺手的感觉，轻轻翻动有沙沙声为适度。

做青适度判断

眼看：经过萎凋与做青使叶绿素的破坏和内含物质的酶性氧化，青叶在灯光下呈亮黄色，部分叶片的叶缘呈朱砂红，近叶缘处呈淡黄红色，靠近主脉叶柄处呈淡黄绿色（俗称"三节叶"）。由于叶缘细胞破坏，生机减退，其水分蒸发与叶片中间水分蒸发不能平衡所引起的收缩作用，使叶成"汤匙状"，叶面作凸起呈龟背形。取数片叶片放灯光下透视，多数叶片已清澈，绿色变淡而泛黄，部分叶绿红亮或起红点，特优者主脉清澈透明（俗称"苦水"已尽），茶梗收缩皱起为适度。

红边程度

鼻闻：闻之花果香明显而无明显青气，同时有不仔细闻便闻不到的带轻微的酸甜酒味时为适度。

鼻闻（丁李青　摄）

四、杀青

1. 杀青目的 是使做青叶迅速受热升温，以钝化酶的活性，并适量散发水分，同时低沸点青臭气进一步挥发，巩固、发展和完善做青形成的品质，俗称"炒青""炒茶"。钝化酶的活性，固定做青形成的结果，同时又使叶绿素遭受到更严重的破坏，香气进一步得到发挥。但由于青叶含水量经过萎凋与做青后大量失水，加之青叶原料本身比较粗老硬化，杀青失水在15% ～ 22%。因此，必须采取"高温短时"与"半闷半透"的杀青原则来完成这道工序。

2. 杀青原则 杀熟、杀透、杀匀。

3. 杀青方法

（1）手工炒青。手工炒青锅温、时间以及投叶量。初炒锅温达到220 ～ 250℃时，锅底壁发白，将手伸进炒锅口的上方处，手背感到有一定的烫热感，但又能承受得住，这时锅温已达到炒青温度要求。用直径为60厘米的单斜锅，每锅投叶量为625 ～ 750克。在正常温度下炒青，可听到噼啪节奏分明的轻微响声，能较快产生水汽，时间为3 ～ 5分钟。采用团炒（滚炒）、翻炒和吊炒三种手法。

团炒：实际是一种闷气杀青，炒时双手手指分开，合执青叶呈球形，手不离叶又不使青叶散开地在锅中滚炒，团炒时间约占初炒历时的一半时间，即行翻炒。

🌱 炒青锅温判断（吴心正　摄）

🌱 团炒（吴心正　摄）

翻炒：是一种半闷半透的炒青法，炒时手指并拢，双手手心先向下呈半圆形从锅中向锅边移动，至手掌边相靠时手心突翻向上，将青叶整体翻一翻，稍有间隙即行第二次，来回往复，直至结束。

吊炒：是一种全透气炒青，虽有双手吊与单手吊之区别，但均是用手夹、执，带青叶向上离锅心40～60厘米高处，而后使茶青呈松散状再飘落入锅，如是往复，吊炒所占时间则以含水不同而不同。

🌿 翻炒

🌿 吊炒

（2）机械杀青。用110型滚筒杀青机，筒体温度要求为220～280℃，手伸进筒口时有烫热感觉，又能忍受。这时锅温已达到杀青温度要求。如果看到锅壁发红，说明锅温超高，则要退火降温，或开启杀青机的排气扇进行散热。在超高温下即行炒青，能听见节奏极快且声音很大的"噼啪"声，很快就能闻到有炒焦的气味，看叶面或叶背呈现大小不同的黑斑或黑点。如果温度过低炒青时听不到"噼啪"声，只听见有"沙沙"的响声，产生水汽慢而少，则炒青叶发黄，闻之有闷气味。根据做青叶的含水量，灵活调节温度；含水量多，温度高；含水量少，温度适当低些。投叶量一般在30～40千克。具体投叶量要依揉捻机的匹配而定，以便于揉捻为佳。杀青历时8～12分钟。做青叶含水量多，杀青时间长些。要让杀青叶保留一定的含水量，以利于揉捻成条紧结。杀青叶高度受热后在筒口产生大量水蒸气，即可开启排气扇，将水蒸气排出筒外；如果做青叶含水量少，受热后水蒸气量不大，则少开或不开排气扇。在正常温度220～280℃下炒青，可听见节奏分明的轻微"噼啪"响声，能较快产生水汽，听到炒青叶的"沙沙"声变为"啪啪"声，筒内的杀青叶由生绿逐渐转为暗绿；手捏挤茶团时有较多的水挤出，说明杀青叶水分多，杀青时间需延长；闻之有熟香无青气，手捏茶团有粘手感，茶团不易散开，即达杀青适度。

炒青过程中，当作青叶一投入炒青锅中，由于接触高温使低沸点芳香物质大量挥发，此时青臭气大盛而刺激嗅觉，掩盖了做青适度叶已有的兰花香，继之清香渗入其中而青臭气减退。随后低沸点芳香物质绝大部分挥发殆尽，高沸点芳香物质在嗅觉中逐渐显现出来，由清香转入到熟兰花香而嗅不到青臭气时，炒青即为适度。此时之兰花香较为做青适度叶之兰花香进一步悦鼻而强烈，类似水果成熟后香气的变化。因此，可以认为炒青过程对岩茶的香气来说是一个"纯化"的工艺过程。

机械杀青锅温判断

4.杀青适度　做青叶投入高热锅中，叶细胞含水受高温急速汽化而发生爆裂的噼啪之声，如同放鞭炮。爆裂声先从少到多，再从多到少时，叶表面已带水点，叶质已柔软而有粘手感觉，手握杀青叶成团，折梗不断；叶色转暗，嗅之有熟香气味而无青臭气时即为适度。

将机炒与手抄相比较，前者优于后者，不但功效高，劳动强度低，而且杀青均匀，可避免手工杀青经常出现的拉锅（部分叶炒焦而叶面起黑点）现象。

杀青适度判断

五、揉捻

1.揉捻目的　揉捻目的是将杀青叶搓揉成条索，充分揉挤出茶汁，凝于叶表，使茶条紧结重实，成茶耐冲泡。揉捻是形成名茶外形特征的主要工序。岩茶在做青揉捻阶段经过了带轻微揉捻性质的摇青，已破坏了其部分细胞组织，部分多酚类酶性氧化，在钝化酶活性后又一次对叶细胞组织的破坏过程，目的是促使内含物渗出，以利于各部分细胞间各种不同物质的融合、协调的化学变化（可能尚有多酚类酶性氧化和其他非酶性变化），协助香气发展，保证滋味浓厚，提高成茶品质。

2.揉捻原则　揉捻的原则是趁热、重压、短时。在做青过程中叶细胞的破坏率已达24.8%，但是它需要具有粗壮、卷曲、紧结而美观的特殊条索外形。就其原料而言，揉捻青叶的含水量较少，非采取快速热揉不可，不然杀青叶冷却后则变硬发脆而揉不成紧条。但是，热揉时揉捻叶体积不能太大，太大容易形成水闷气而影响品质，同时亦很难控制与说明其化学成分是否由于热的作用而引起不必要的变化。因此，目前不论机揉或手揉，均根据此原则进行。

3.揉捻方法

（1）手工揉捻。手工揉捻是采用制作武夷岩茶特有的十字状阶梯式凹凸面的竹揉捻簏进行。初揉，每人每次揉叶量200～250克，采用双手向左右前方交叉式的倒蝴蝶形回转法揉捻，一手拇指打开加压搓揉，另一手手指并拢护住茶团为推进动力，双手交叉替换进行。揉捻时间为2～3分钟，中间解块一次，以散发热气，避免水闷气，揉到茶汁部分外溢，叶子基本成条，即可解块复炒。

手工揉捻

（2）机械揉捻。一般一台110型杀青机配一台55型或两台45型揉捻机。揉捻时间为8～12分钟，加压原则是"轻、重、轻"。较嫩杀青叶加压稍轻，揉时短些；较老杀青叶加压适当重些，揉时长些。搓揉力适度时，揉盘上的揉捻叶基本能随时收紧茶团。如果看到揉盘上有很多断碎梗叶，说明杀青叶偏干或加压偏重；如果看到揉盘上很多茶水汁，甚至流落地面，说明做青叶的水分偏高，或杀青时间短，散发水分不够充分。揉捻达到适度时，看到揉盘上的茶条紧卷紧结，茶汁充分揉挤出，凝于叶表，即可下机。

机械揉捻

机揉与手揉比较，前者功效高，后者条形好，机揉最大的缺陷是尚不能完全达到岩茶卷曲带蜻蜓头的外形，特别是叶面曲皱的特征。其原因主要在于机揉不能像手揉一样使揉捻叶呈小球状交叉前后揉捻，更无法模仿倒蝶形揉法。

六、复炒与复揉

手制保持复炒与复揉两个必不可少的工序，目前，机制仍无法应用。

1．复炒　俗称"炒熟"。它的过程虽然简单，却能弥补初炒之不足，形成岩茶味韵（岩韵中的一部分）的必须过程。将初揉的叶子，呈圆形薄摊散铺于锅中，锅温为180～200℃，稍停即以双手手指尖收聚叶于一起，呈方圆形后翻一个身，稍停又将叶散铺于锅中，再行收聚一起翻身后即起锅。每锅每次投叶量仅为400～450克，时间约为0.5分钟，极为短促，但这个短促过程的作用是很广泛的：使酶的活性进一步钝化，散发未去尽的青臭气；通过加热，使揉冷了的叶子再一次软化柔韧，复揉后进一步美化条索外形，给通过快速揉捻成条而尚未定型的条索一次初步固定外形的机会；同时，为岩茶创造了特有的味韵。因为经过揉捻青叶的茶汁已吸附于叶表，通过与高温铁锅（壁）急速接触，某些外附物质就会急变，特别是糖类与蛋白质或脂类的糖化作用，形成了特有的味韵，就是焦糖味、焦蛋白味以及轻微的烟味和原有茶叶本身的芳香味。因此，可以认为，通过复炒形成适口的焦糖味（叶子未焦，仅外附茶汁的一部分糖化），加上前面工序化（包括原料）所形成的芬芳味混合在一起，加强了岩茶特有的风味，给其特殊香韵起了很大的辅助作用。

2.复揉　复揉是一个时间短促、仅0.5 ~ 1分钟的揉捻过程。揉法同初揉，在速度上稍为加快，目的是使条索进一步紧结美观、茶汁充分溢出，增加茶汤浓度。

🌱 复炒（吴心正　摄）

🌱 复揉（吴心正　摄）

七、烘焙

1.烘焙目的　烘焙的目的是散发茶叶水分，防止内含物酶性氧化和制止或促成若干物质化学变化，进一步挥发青气，破坏残余酶的活性，促进热化学作用，达到干燥要求，利于久藏、固定和紧结条索，发展和巩固香气，发展和完善武夷岩茶的色、香、味品质特征。揉捻叶要是没有立即毛火，经半小时后毛火，以及摊凉时间过长或超过8厘米厚度而没有很快足火，都足以影响毛茶的质量，主要表现为汤色会变浓红，刺激性大量减退，外形色泽泛黄等现象。

2.烘焙原则　高温、快速、短时。

3.烘焙方法

（1）手工烘焙。

毛火，亦称初焙、第一道火或初干，俗称"水焙""走水焙"或"抢水焙"。

毛火。毛火使用特制的平面烘心焙笼进行（烘心焙笼俗称焙筛，直径57～59厘米，边高2.5～3.0厘米，孔径0.25厘米×0.25厘米，粗竹筛）。温度为100～140℃。为了保持毛火时炭火足够高温，采用小型焙窟（面径35厘米，底径25厘米，深30厘米的半球形焙窟），每天起焙（开火加炭），利于足火之火温调剂。焙筛离火面高度仅为22～23厘米，每次每笼揉捻叶的投叶量为400～450克，摊得极薄均匀，从上俯视可透过叶隙筛孔而见炭火光亮。毛火时间只有短短的10余分钟，其间火温调剂的原则是"先高后低"，目的除在于快速抑制酶的活性外，更主要是同复炒一样，使茶汁通过明火高温形成另一种焦糖香味，增加茶汤浓度。为了防止大量焦化引起不正常品质，在高温处理时，仅三四分钟之久，焙笼即需移向较低温度的焙窟，经翻焙后又移向高温焙窟进行高温热化，然后再移向较低温的焙窟，历时为13～18分钟起焙，完成毛火程序。毛火烘焙法和不同温度之焙窟，是武夷岩茶手工焙制特有的。由于每一焙笼不是固定在某一焙窟，而是时常移动，多的移十余次，几乎一分钟一次，而每移动一笼即牵涉所有的焙笼，其速度又快，故"初焙"俗称"抢焙"或"抢水焙"。它对形成岩茶的特殊品质特别是韵味有很大影响，同时可能由于脂类受高温作用，初焙后的茶叶表面即出现特有的油亮色泽。

🍃 抢水焙（吴心正　摄）

扬簸、摊凉与拣剔。即将毛火后立即扬簸，使叶温下降，并扬去碎末、三角片、轻条和梗皮等轻飘杂物作为副茶（焙茶）处理。扬簸后毛火叶摊在水筛上，摊叶厚度8～12厘米，置于晾青架上，毛火叶长时间摊凉这一传统制法工艺，俗称凉索。经过5～6小时后，到第二天早晨拣剔，拣去茶梗、黄片和其他夹杂物，再足火。通常，由于人工紧缺，大都采取"打毛束"的办法（即毛火后经摊凉即行足火、焙至九成干，在能保持一定时间不致变质的情况下贮存起来，到旺季过去后拣剔、补火）。但是摊凉过程还是需要的，因梗与叶的含水量不同，通过摊凉，使梗叶之间水分重新分布，达到平衡，有利于后续的足火；存在梗中的可溶性有效物质随水分的流动向叶转移；因初焙叶中含少量水分，也有利于其内含物发生持续缓慢地转化，有益于对岩茶的后期熟化。对成茶高香、浓厚、耐泡、色泽油润和沙黄色（俗称宝色或蛙皮绿）等品质特点的形成起着一定作用。如果摊凉时间过长，则容易造成品质下降。

　　足火，亦称再干。目的主要是散发水分和发展香气。但毛火茶经过摊凉后会起某些化学变化而改变成茶的色味，特别是在空气湿度高的情况下，摊凉时间过长或摊叶厚度太厚，不但会变色，还会引起酸化而产生酸味或者闷味。酸化过程与酶的活动或非酶性变化有直接与间接的关系。在手制中，除了"焙筛"放置较高（离火面30～40厘米），每笼放置毛火叶较多（1～1.25千克），足火后期焙笼中茶叶形成中空的环形，以降低一定的吸收温度外，一般地，温度控制在99～110℃，约15分钟翻拌一次，时长1～2.5小时，毛茶即足干。之后是"吃火"工序，又称"炖火"或"焙火功"。

🌱 足火

　　吃火与热处理。是岩茶加工特有的工艺，是加工过程中必不可少的重要工序。将已足干之毛茶再行长时间的烘焙，一般每笼2～2.5千克毛茶，温度为100℃左右，历时2～4小时。它能补充足火干燥之不足，进一步散发毛茶内部水分，确保品质，起到热处理的作用，对增进茶汤颜色、提高滋味甘醇度和辅助香气的熟化等有良好的效果。但目前用者不普遍，一般多采用热堆、热装的方法，在起焙后趁高温堆放于软篓（高40厘米、直径60厘米的密缝竹篓）或者焙弧（高25厘米，直径120厘米，堆放高度达50厘米）之中，较长时间置于焙间保持一定温度（在4小时后叶温还达到60℃以上），而后又趁热装箱（这种处理方式不能不认为是我国传统的对茶叶内含物质起一定熟化作用的一种热处理工艺）。

　　手工烘焙中足火或吃火时常用的"盖焙"方法，在茶叶水分基本焙干时，用焙籬盖在焙笼上，防止香气挥发并起保温作用，同时使茶叶受热均匀。盖的程度随叶子含水量不同而不同，从不盖、半盖到全盖：开始焙1小时不盖；等水汽去尽后焙籬盖半边再焙1小时，称"半盖焙"；焙后香气充分诱发，为减少香气散失，要将焙籬全部盖密，继续烘焙1～2小时后香气纯熟，称"全盖焙"。香气的滞留保存比较关键，主要凭借焙茶师傅具有熟练经验。如果盖得过早，由于茶叶水分含量尚多不能散发而形成水闷气，叶色则变暗，并产生闷味而不鲜爽；如果盖得过迟，则因香气已大量挥发而效果不佳。

🍃 半盖焙

🍃 全盖焙

　　（2）机械烘焙。

　　初焙。一般使用自动烘干机，温度控制在120～130℃，摊叶厚3～4厘米，历时约15分钟。在正常的温度下初焙，揉捻叶会在短时间内由黄绿变为黄褐或褐色，焙至七八成干，手抓初焙叶有刺手感，但不粘手，闻之花果香明显，无青气为适度。如果温度过高，则茶条色泽暗褐，闻有急火或老火甚至焦味，需要及时降低温度；如果温度太低，则部分初焙叶黄绿色，手握有粘手感，闻之有生青气味，需要及时提高温度。

　　凉索。初焙叶摊在水筛上，摊叶厚度8～12厘米，再置于青架上经过3～6小时的摊凉，使梗叶之间水分重新分布均匀，这时凉索叶的色泽变得油亮，手握变软，闻之有熟化的果香，再行复焙。

　　复焙。温度在110 ~ 120℃，摊叶厚度4 ~ 5厘米，凉索叶经复焙后达到烘干的要求。将茶梗架在食指和中指上，用拇指顶端折梗即断，表明已达到毛茶干度，此时毛茶色泽油润，条索紧结，闻之果香浓郁。经过摊凉后的毛茶即可装桶或装袋，做好标签，进仓入库。

　　总之，武夷岩茶初制技术应根据鲜叶的采摘标准、老嫩度、产地、品种、季节和气候等，结合加工场所、制茶设施、人工配备、质量监管等情况，灵活控制加工过程的每一道工序，既要掌握各工序的要点，又要环环相扣，各项能同时兼备，方能发挥其独特品质。

❦ 凉索

❦ 机械初焙

❦ 复焙

第三节　武夷岩茶精制

武夷岩茶性和不寒，耐藏耐泡。经过文火慢炖工艺以及贮存退火的后熟作用，茶叶内含物中一部分大分子物质转化为小分子物质溶于茶汤，提升了武夷岩茶品质，是科学合理的一大茶类。

武夷岩茶毛茶的质量因产地、品种、肥培、天气、工艺和季节等不同而有差异，必须经过精制加工，将茶叶整形、剔除副茶及其他夹杂物，达到稳定、完善和增进武夷岩茶独特品质的目的。武夷岩茶精制加工分为定级归堆、毛拣、筛分、切细、扬簸（风选）、复拣、匀堆、烘焙、摊凉、装箱（桶）入库、拼配、补火、包装共13道工序。剔除梗、片和异杂物，改变茶叶外形的性状，提高净度、匀整度，提高外形品质。其中以焙火工序最为关键，技术性也最强。焙火过程掌握"低温慢炖"的原则，使叶内含物产生热物理化学变化，以形成武夷岩茶独特的品质风味，同时应遵循武夷岩茶国家标准GB/T 18745的感官品质要求，通过合理拼配，达到调和品质，使产品达到平衡、协调、稳定的完美状态。

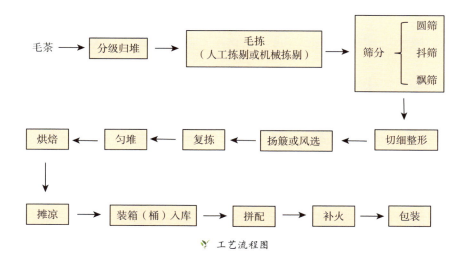

工艺流程图

一、定级归堆

毛茶加工好后，要进入精制加工阶段，首先要审评定级，而后进行归堆，为毛茶拼配付制作好准备，以便于加工调剂品质。凡具有明显不同特征的毛茶，都要按产地、品种、做青程度、季节、品质不同而分别定级归类。传统归法分为上堆、中堆和下堆。

🌱 毛茶审评归堆

二、毛拣

1. **人工拣剔**　人工毛拣时将干毛茶倒在专用的拣茶板上，放于光线较亮的场所进行，拣出茶梗、茶片以及茶籽等其他夹杂物。

2. **色选机拣剔**　茶叶从顶部的料斗进入机器，通过振动器装置的振动，被选物料沿通道下滑，加速下落进入分选室内的观察区，并从传感器和背景板间穿过。在光源的作用下，根据光的强弱及颜色变化，使系统产生输出信号驱动电磁阀工作吹出异色茶梗、茶片以及其他夹杂物，并吹至接料斗的废料腔内，

🌱 色选机拣剔

而好的茶叶继续下落至接料斗成品腔内，从而达到选别的目的。

采用茶叶色选机拣剔具有速度快、效率高、成本降低的优点，但工作人员要熟练掌握操控设置技术，被选茶叶才能达到一定净度要求。

色选机选别后的芽茶中还有一些无法剔除的茶梗和茶片及其他夹杂物，需要人工进行拣剔去除。

三、筛分

筛分的目的和作用，是把毛拣过的茶筛成不同的茶号，即分茶叶大小、长短、粗细和轻重，又能整饰外形，利于风选和拣剔。

手工筛分按其作用不同可分为：圆筛（平筛）、抖筛、飘筛。

🌱 圆筛　　　　　　　　　　　　　　　🌱 抖筛

1. 圆筛　圆筛，也称平筛，主要用于分离茶叶大小或长短。

在手工圆筛操作时，用双手握住竹筛的边框二分之一左右，端平竹筛，两手用力均匀，一推一拉，将筛体作平行、匀速、定向、旋转运动，使茶叶均匀地平铺在筛面上左右回转、来回摆动、旋转跳动，小、短、细的茶叶从筛孔筛落，较大、长、粗的茶条留在筛面上，依次类推一个筛号，一个一个筛号筛下去，有利于各筛号茶的扬簸，从而达到筛分的目的。

圆筛在筛制时应注意，人要站直而平稳，茶叶在筛面上一定要平行筛开，均匀地筛满整个筛面，不能成堆，否则达不到平筛圆形左右回转的效果。

2. 抖筛　抖筛的目的，主要是分出茶叶的圆扁和粗细。

抖筛手法是双手握住筛子的边框，在二分之一左右，利用手腕的力量使筛子轻轻地往上抛，用拇指来控制筛子上抛的高度，每次筛子上抛时筛子也跟着转动，使不同粗细的茶叶在筛面急速跳动，细长条索斜穿筛孔落下，粗而圆的留在筛面，达到抖筛分离粗圆和细长茶叶的目的，有利于后面的扬簸。

3. 飘筛　飘筛的目的，主要是分离茶的轻重。

飘筛手法是双手相对握住筛子的边框，两臂微曲，两手的四指托住竹筛边，拇指扣住竹筛框，利用手指和手腕的配合力量使筛体上下跳动的同时，不断缓慢地呈水平状态旋转，使茶叶平铺于筛面，随着筛体作圆环形运动和上下跳动而被抛空下落。因自由落体和物体重力的自然运动规律，轻飘的被反复抛起留在筛面上，而重的下落筛孔，即达到飘筛的作用。

飘筛时应注意握筛要平稳，用力匀称。由于茶叶的大小、粗细、长短、轻重不一混合在一起，飘筛前要先筛几下，使筛子底层的茶末先筛落筛孔，再开始飘筛。除了底层筛子中上层的茶叶，随筛子的转动和飘动，轻重、粗细、长短等茶开始自动环形旋转分层，轻和长的部分相对轻飘就浮在筛面的上层，筛面底层重的和短小茶穿过掉落筛孔。

四、卡茶（切细）整形

人工卡茶的作用是通过双手卡力的作用下，使长条形茶折断，达到外形匀整的目的。

人工卡茶的手法是用2号筛，先用筛茶的手法把短、细的茶筛下去，留下面张较长的茶后，再将茶叶筛收拢，这时双手平放于2号筛的筛面上，双手手心相对、手指向内弯曲，把2号筛面上形状粗长的上段茶叶抱住，两手的手指和拇指同时用力向里轻捏面张茶，用力应均匀而轻快，从前到后或从后至前两手均匀用力来回互卡，将长条形茶折断，经过不断重复筛分与收拢轻捏，依次有序地把面张茶卡断筛下，达到整形的目的。

❀ 人工卡茶

五、扬簸（风选）

扬簸（风选）的目的是分别茶叶的轻重和厚薄，扬去黄片、茶末和无条索的碎片或其他轻质的夹杂物。

1.扬簸（手工簸茶） 扬簸的目的是分别茶叶的轻重，扬去茶叶中的三角片、梗皮、茶末等轻飘物。

扬簸的手法是双手握住簸茶簏的三分之一处，簸时两手与腹部呈一个三角形固定簸簏，灵活运用手腕和手臂同时发力，簸簏前半部上下簸动，使茶叶向上抛起，茶叶向上抛时簸茶簏往外推一些，当茶叶下落时，簸茶簏往回拉一些，较重的茶叶就落在筛面的后半部，轻飘的经过簸后到筛面的前端，受风力的作用使轻飘物向簸茶簏前外端飞扬飘出，从而达到扬簸的目的。

2.风选（风选机） 筛分后的筛号茶使用风选机进行选别。在风力的作用下分别茶叶的轻重和厚薄，扬去黄片、茶末和无条索的碎片或其他轻质的夹杂物。一般越轻的茶叶受风力作用后，飞扬越远，下落较慢，重实的茶叶抗风力较强，下落快，就落得较近，重的茶叶品质好，轻的茶叶品质差。通过风选，就把轻重不同的茶叶分成许多不同的等级。

🌱 扬簸   🌱 风选

六、复拣

通过筛分、扬簸（风选）后的茶叶，按照不同的筛号茶再次进行拣别，拣去在毛拣、扬簸（风选）中未去除的茶梗、三角片以及茶籽等其他夹杂物，提高净度，提高外形品质。

手工拣剔是目前去杂的重要工序，在制茶成本中占很大比例。把要拣的茶堆放在拣板上，用左手抓出少许散开在黑色拣板上，所有拣出的茶梗、黄片显露在眼前，两手并用拣剔之。拣净后用右手拨放拣板一角，左手再拨未拣的茶，如此反复进行。

七、匀堆

人工匀堆的方法就是"水平层摊，纵剖取料，多等开格，拼合均匀"，将毛拣、扬簸（风选）、复拣处理，达到净度要求的各筛号茶通过匀堆混合均匀，为烘焙做好准备。

八、烘焙

1.烘焙的目的　茶叶经过烘焙后不会返青，最后到达稳定、完善和增进品质的目的。独特的烘焙工艺使武夷岩茶形成了其耐泡、耐储存以及独有的"岩骨花香"的品质特征。

❧ 手工复拣

❧ 人工匀堆

2.烘焙的作用　精制阶段的烘焙使叶内所含生化成分产生热物理化学变化，具有脱水糖化作用（熟化）、异构化作用、氧化及后熟作用。

（1）脱水糖化作用（熟化）。武夷岩茶的焙火不仅使茶叶脱水焙干，还必须适度吃火，焙到可使羰基化合物（还原糖类）和氨基化合物（氨基酸和蛋白质）间反应，经糖化转化成香气与滋味成分。

（2）异构化作用。异构化作用是改变化合物的结构而不改变其组成和分子量的反应过程。在焙火的热力作用下，带青气的低沸点物质大部分挥发散失，儿茶素产生异构体，增加游离型儿茶素及反型青叶醇含量。

（3）氧化作用。在烘焙中应注重控制焙火的温度，促使儿茶素、醛类、醇类氧化分解与氨基酸结合成为新的香气。在热力的作用下促使茶色素氧化变化，对成品茶外形色泽、汤色浓度和叶底颜色起到良好的影响。因此，在吃火的烘焙过程中不能缺氧，同时茶叶出焙后应及时通风摊凉，不能堆得太厚，以保证供氧充足；摊凉时间不宜过长，否则将引起香气散发，产生水闷味而降低鲜度。

（4）后熟作用。在后熟期内茶叶内含物质进行的所有生化变化过程，称为后熟作用。即从茶叶焙干或吃火趁热装箱，直至品质未出现陈味之前这段过程称之"后熟作用"。后熟作用与茶叶含水量（6% ～ 8%）、火功程度、储藏容器、仓储环境条件和茶中有效化学成分变化程度有密切关系。茶叶的后熟作用实际是工艺品质、饮用品质逐步完善的一个生化过程。后熟作用有利于茶叶品质增进、完善和稳定。

潘玉华教授亲临武夷山市幔亭岩茶研究所指导烘焙技术

3. 烘焙方式与技术　目前烘焙的方式主要有：炭焙、烘干机烘焙、烘箱烘焙等。

（1）炭焙是武夷岩茶传统烘焙方法，是历史遗留给我们的宝贵的无形文化遗产，是焙茶的最高技术，采用炭焙炖火能达到武夷岩茶"活、甘、清、香"的独特品质风味。

炭焙首先必须打焙窟，操作过程包括起火、燃烧、覆灰、温度控制。然后焙茶，炭焙温度为100 ～ 145℃，历时8 ～ 15小时，摊叶厚度达烘笼的八成，每笼摊叶量达4 ～ 5千克。焙火的温度凭借着有经验的焙茶师傅用手背贴住焙笼下端来进行判断，一般是手背靠到焙笼有热为低温，有烫

炭焙

手感又能受得住为中温，手背靠到焙笼难以承受的为高温。炭焙经验技术性强，耗时费力，结果难以控制，需具备丰富的实践经验。成茶品质具有炭香，清爽度高，风味独特。

（2）目前，武夷岩茶大批量生产烘焙采用自动烘干机，烘焙温度135～150℃，历时3～4小时，摊叶厚度4～5厘米。烘干机烘焙具有快速、高效、烘焙均匀的特点。但其与传统炭焙相比，由于温度稍高，时间短，产品的甘醇度稍逊，缺乏炭香，品质不够"清"。

❧ 机械烘焙

（3）武夷岩茶在少量烘焙时可采用烘箱，温度120～130℃，历时7小时，摊叶厚度3～4厘米，每个烘箱的烘焙量35～40千克（16层）。烘箱烘焙具有灵活、方便、清洁卫生的特点。但其烘焙时排气功能差，故产品品质不"清"，焙火均匀度较差。

4.烘焙原则　古人云"茶为君，火为臣"，说明了火功与茶叶品质的密切关系，好的茶叶原料要有好的烘焙技术，才能做出高品质的成品茶。而火功在武夷岩茶中尤为重要，烘焙过程在掌握"低温慢炖"的前提下，因原料的等级、品种、做青程度、产地等不同而须"看茶焙茶"，主要是灵活掌握焙火温度、时间、摊叶厚度来控制火功。

❧ 烘箱烘焙

（1）不同等级岩茶的焙火。高档岩茶香气比较高，火功不宜太高，否则会使茶叶的自然花香、品种香、地域香散失，因此焙火时宜采

❧ 看茶焙茶

用低温、长时、薄摊，保留其自然的香气和滋味。低档岩茶多较粗老，有的甚至带有不良气味，可通过提高火功，去除异杂气味，纯净岩茶的香气和滋味，焙火时可采用高温短时烘焙。中档岩茶火功掌握在高、低档岩茶之间，以中火为宜。

（2）不同品种岩茶的焙火。不同品种其叶片有大小厚薄之分，因此其耐火力具有差异，如水仙、梅占等品种叶张大而肥厚，所制岩茶条形比较粗大、沉重、较耐火，炖火时温度应稍高，时间稍长，摊叶稍薄。而黄金桂、黄观音等叶张小而薄，所制产品条形较小，身骨较轻，耐火力差，焙火温度应稍低，时间稍短，摊叶稍厚。肉桂等品种叶张，叶厚介于以上二者之间，以中火为宜。

（3）不同做青程度岩茶的焙火。做青程度轻的岩茶，发酵较轻，焙火时温度应稍高，时间稍长，摊叶稍薄，以便提高火功去除青气和苦涩味。做青程度重的岩茶，火功要低，以防香味低淡。做青适度的岩茶火功要把握适中，使产品色、香、味俱全。

（4）不同产地岩茶的焙火。岩茶根据产地可分为正岩、半岩和洲茶。正岩茶内含物质丰富相对耐火，洲茶耐火度较弱，半岩居中。焙火时应根据其耐火性掌握温度、时间、摊叶厚度来控制火功，使其充分发挥产地的优势。

5. 武夷岩茶的火功与品质　武夷岩茶令人一饮难忘的特有香韵和茶汤口感风韵与焙火紧密相关。所谓焙火程度（火功）系指焙火温度的高低及时间的长短综合作用相互影响所形成的结果。

实际加工过程中根据焙火的温度高低和烘焙的时间长短，其火功可分为：欠火、轻火、中火、足火、高火、病火。

（1）欠火。岩茶加工过程只经过走水焙或吃火时间太短温度太低（低于100℃），造成岩茶火功欠缺。欠火岩茶外形色泽与毛茶色泽接近；香气带有青气，细嗅还夹杂其他异杂气；汤色金黄；滋味欠醇和带青涩味；绿叶红镶边明显，鲜活，叶底未起蛤蟆背，为岩茶不合格的火功。

（2）轻火。轻火岩茶焙火时温度在100～120℃，历时12～15小时，所以火功较低。轻火岩茶外形色泽有转色，保持油润；去除青气，具有香气清远，高而悠长，保持原级茶的清鲜香气；滋味甘爽，不带青涩味，品种特征明显；汤色金黄或浅橙黄色；绿叶红镶边明显，叶底有起蛤蟆背，但泡点小、少且分布稀，

🌱 欠火——叶底未起蛤蟆背

🌱 轻火——叶底起蛤蟆背

这种岩茶适合于刚接触岩茶的饮茶者。

（3）中火。中火岩茶焙火温度一般控制在120～135℃，历时10～12小时。中火岩茶外形色泽有较明显转色，保持油润不乌燥，香气浓郁，带花果、蜜糖香，杯底香佳；滋味醇厚、顺滑、甘爽，岩韵显；汤色橙黄；绿叶红镶边明显，可见三红七绿，叶底起"蛤蟆背"，泡点数量较多且分布明显；品质耐泡、耐贮藏，当前茶叶市场的主流产品为中火岩茶。

🌱 中火——叶底起蛤蟆背

（4）足火。足火岩茶焙火温度一般控制在135～145℃，历时8～10小时。足火岩茶外形转色明显，色泽乌润均匀，茶香气多表现为果香，带炒米香，杯底香佳；滋味浓厚，带炒米味，入口爽适，且有甜感；汤色橙黄或深橙黄色，清澈明亮；冲泡后叶

🌱 足火——蛤蟆背的泡点数量多而且分布密集较大

底舒展，隐约可见三红七绿，叶底表面出现明显的"蛤蟆背"，"蛤蟆背"的泡点数量多而且较大，泡点分布密集。传统岩茶火功一般掌握足火，其火功足，茶叶耐泡、耐贮藏，是岩茶老销区消费者的满意火功。

高火——叶底硬挺暗褐

（5）高火。高火岩茶焙火温度一般控制在160～170℃，历时6～8小时。低档岩茶为了掩盖苦涩、渥味、酵味等不良气味采用高火烘焙。干茶外形色泽乌黑，匀称不花杂，香气为焦糖香带火味；滋味浓醇不苦涩，耐泡；汤色略暗红；叶底硬挺暗褐，"蛤蟆背"的泡点数量多而且大，泡点色暗分布密集，三红七绿不可见。

（6）病火。病火即焙火时温度高于170℃或吃火太急，造成茶叶香气为焦气；滋味是严重的焦味，不苦不涩；汤色黑而暗；部分或全部炭化，叶底不舒展，手捏生硬，色黑如炭，"蛤蟆背"的泡点数量多而且黑暗，分布密集。茶叶品质劣变，不宜饮用，此火功为焙火出现了严重毛病，烘焙不提倡。

病火——叶底不舒展、手捏生硬、色黑如炭

九、摊凉

茶叶烘焙好后，应及时通风摊凉散热，不能堆得太厚，保持焙间空气清鲜，不含有其他的异杂气，保证供氧充足，在摊凉过程中使茶叶氧化作用到位。但摊凉时间不宜过长，否则将引起水闷味和香气大量散失，量少的不超过30分钟，大堆茶不超过8小时。摊凉适度后立即装箱，防止受潮和吸异杂气味，否则影响茶叶品质。

十、装箱（桶）入库

将摊凉好的茶叶按不同品种、不同堆头装入箱（桶），做好标签，标签上注明品种产地、品名、堆头、等级、批次、重量、生产日期等信息，这样装箱加工好的精茶，分别入库，放在干燥的仓库储存。

十一、拼配

合理拼配，调和品质。由于各种原因，毛茶在风格上有一定的差异，诸如茶叶质量等级不同，茶树品种不同、地域不同、批次不同、工艺不同等，成茶品质及风格就有所差别。通过合理的拼配，可以互相取长补短，达到调和品质，统一规格标准的目的，保证同品类、同档次产品水平的一致性，使生产产品品质稳定，茶叶销售市场稳定。

十二、补火

在潮湿天气拼配打堆时，茶叶吸收水分超过8%时应进行补火，散发水分，使茶叶含水率控制在6.5%以下。如果茶叶受潮含水率过高，严重影响口感和品质，茶叶带有潮气的水闷味，不爽口；水分超过8%以上过长时间没有烘焙，会导致发霉变质；在天气干燥时，打堆就不必补火；如果拼配好的茶叶，火候达不到该产品的程度，就需要进行补火，使火功符合产品要求。

十三、包装

根据《食品安全国家标准　预包装食品标签通则》（GB 7718—2011）规定，预包装时武夷岩茶包装容器的外面应有标签，标签应当标明食品名称、配料表、净含量和规格、生产者和（或）经销者的名称、地址和联系方式、生产日期和保质期、贮存条件、食品生产许可证编号、产品标准代号及其他需要标示的内容。武夷岩茶应标明品类名称，GB/T 18745—2006中产品分为大红袍、名丛、肉桂、水仙、奇种；净含量应在包装物上标示，茶叶净含量的法定计量单位用克、千克，当净含量小于1千克时用克，当净含量大于1千克时用千克；武夷岩茶质量等级划分根据GB/T 18745—2006，包装物上标注的质量等级与所包装的茶叶质量等级要一致；散装茶叶须根据《中华人民共和国食品安全法》相关规定，销售散装茶叶时应当在散装茶叶的容器、外包装上标明食品的名称、生产日期或者生产批号、保质期及生产经营者名称、地址、联系方式等内容。

根据国家标准《限制商品过度包装要求　食品和化妆品》（GB　23350—2021），茶叶包装层数不应超过4层（紧贴销售包装外且厚度低于0.03毫米的薄膜不计算在内）；除直接与内装物接触的包装之外所有包装的成本不超过产品销售价格的20%；根据产品单件净含量确定包装空隙率。包装层数、包装成本、包装空隙率有任意一项不合格则判该产品的包装为过度包装。

综上，武夷岩茶精制工序多，加工时间长，成品茶进入市场需要一定的时间。其中，烘焙工艺是精制的关键技术，与武夷岩茶独有的香气和滋味形成密切相关。精制过程中须严格遵循每个工序的要求，从而形成武夷岩茶特有的品质特征。

第七章

武夷岩茶感官审评与品饮

感官审评是审评茶人员运用正常的视觉、嗅觉、味觉、触觉等辨别能力，对茶叶产品的外形、汤色、香气、滋味与叶底等品质因子进行综合分析和评价的过程。根据茶叶品质八项因子"条索（形状）、整碎、净度、色泽、香气、汤色、滋味和叶底"进行审评，并用简洁明了的审评术语进行描述。茶叶感官审评的主要作用是在评定茶叶品质高低的基础上，分析其品质优缺点及产生原因，所用的评语与茶叶生产过程相对应，所有的审评结论，不仅是为了指导和改进茶叶生产（包括茶叶的栽培、采摘、加工及储存），提高茶叶品质，同时对茶叶市场还起导向作用，审评结果将用于判定产品是否与标准相符，是价格制定的依据之一。准确定级，合理定价，有利于茶叶贸易健康发展。

品饮也就是品茶。品茶是根据茶性科学地泡好一壶茶的技术和美妙地品享一杯茶的方式，是一种审美和享受过程，是人体的感官（视觉、嗅觉、味觉、触觉）和心理（意境）的相互结合。品茶是人们从生活发展到艺术的过程，从本质的实用上升到感官的美感，是一种从生理走向心理的高级精神活动，其感官产生的愉悦感，与出现的各种不同心理现象，有着密切的联系，是构成其审美艺术的重要环节。品茶也就从生活需要目的上升为审美目的。

第一节　武夷岩茶独有品质特征及品类

武夷岩茶由于生长环境独特，制作工艺独到，故为乌龙茶之珍品。武夷岩茶重味以求香，性和不寒，耐藏耐泡；外形条索状，紧结重实，稍扭曲、匀整、洁净、色泽绿褐油润或乌润；香气芬芳馥郁，具幽兰之胜，锐则浓长，清则幽远；汤色清澈明亮，呈金黄或橙黄；叶底软亮，红点红边明显，呈绿叶红镶边，暗褐呈蛤蟆背状；滋味啜之有骨，厚而醇，内质丰富，润滑甘爽，香久益清，味久益醇，齿颊留香，饮后有"味轻醍醐，香薄兰芷"之感，舒适持久，品具独有的"岩韵"。

一、岩韵的形成及其影响因素

武夷岩茶是乌龙茶之典型代表，善于品武夷岩茶的人，都讲究品尝"岩韵"。岩韵是茶人不断品饮岩茶过程中所获得独有的感受，是岩茶的品质、风格、风味、气质，表明达到同一茶类中的最高品位，具有显著地域特征，是高端岩茶的品质标准。岩韵与土壤、小气候、品种、树龄、武夷耕作法及制作工艺等有着密切关系。

1.岩韵的定义 岩韵，亦指"岩骨花香"，是由武夷岩茶独特的自然生态环境、适宜的茶树品种、良好的栽培技术和传统而科学的制作工艺综合形成的香气和滋味，是武夷岩茶独有的品质特征。表现为香气芬芳馥郁、幽雅、持久，有层次变化，饮后有齿颊留香；滋味啜之有骨、厚而醇、内质丰富，有层次感，润滑甘爽，回味悠长，舒适持久。

2.岩韵的形成 武夷山得天独厚的自然生态环境、适宜的茶树品种与良好的栽培技术，造就了武夷岩茶独有的"岩韵"，是岩韵形成的物质基础和根本（内因）；天气条件和传统而科学的制作工艺，是实现鲜叶向武夷岩茶品质特征"岩韵"转化的外在条件（外因）；"岩韵"的形成取决于鲜叶原料的质量、天气条件和工艺技术的正常发挥。

（1）与土壤和小气候的关系。大约在8 000万年前，武夷山发生火山喷发，火山岩风化后的含铁质岩石碎片沉积、渗透在土壤、水里，铁质因为受氧化逐渐

武夷山正岩茶区

变成紫红色，并形成岩层，经过岁月的沉淀、洗礼，这就是正岩的土壤天然优势——土壤有机质丰富，富含钾、锰等微量元素，多为砾质土壤，酸度适中，通气（水）性好，属于陆羽《茶经》中的"上者"的烂石及"中者"的砾壤。

碧水丹山，九曲溪萦绕其中，有三十六峰，九十九岩，岩岩有茶，非岩不茶，峰峦叠嶂，峡谷纵横，早阳多阴，高山幽泉，迷雾沛雨，山间常年云雾弥漫，年降水量约2 000毫米，年平均温度18 ～ 18.5℃，日夜温差大，年平均相对湿度在80%左右。植物种类多，有杉、松、竹、苦槠、白栎、梅花、桂花、柿树、橘树、柚树、兰花、铁芒萁、蕨类等，森林覆盖率达90%以上。正如沈涵《谢王适庵惠武夷茶诗》云："香含玉女峰头露，润带珠帘洞口云。"

（2）与品种及树龄的关系。品种的鲜叶原料质量是决定武夷岩茶品质的物质基础，即内在因素。武夷山种茶历史悠久，主栽有水仙、肉桂、大红袍三大茶树品种，还有武夷名丛，如铁罗汉、水金龟、白鸡冠、半天夭、矮脚乌龙、雀舌、北斗、玉麒麟等，在诸多品种中水仙品种岩韵较显，武夷茶茶树大多为灌木型，树龄虽然较高，但是产量稳定，茶青质量优异，树龄达15年以上青叶原料制作的成茶品质"岩韵"明显。

遇林亭大红袍茶园

（3）与武夷耕作法的关系。栽培历史悠久的武夷岩茶区，积累、吸收并改进创造了许多有关岩茶生产管理的宝贵经验，形成了独特的武夷耕作法，包括秋季深耕（秋挖）、吊土、客土、平山、锄草等。秋挖包括茶园秋季深耕和吊土，经数月后施肥覆土平山。武夷茶区素有"七挖金、八挖银、九挖铜、十挖土"的说法，意指农历七月为深耕最佳时期。因为秋挖时间早，有利于断根伤口愈合和新根发育生长。深耕吊土促进土壤风化，冬前基肥深施利于根系向深处生长，吸收土壤深层次的矿物元素，并提高茶树抗旱、抗寒能力，有效地锄杂草和灭除部分越冬病虫害等，促进茶树地下部分的根系生长旺盛，充分吸收土壤中的营养物质而造就"岩韵"。

"客土"起源于武夷山。客土通常在秋挖后进行，开沟结合施基肥，填入新土或是收集岩壁和斜坡上风化土和腐殖层土等。岩茶区多以此法补充茶园土壤有机质和微量矿物元素，是培育"岩韵"的重要手段。

浅耕锄草对清除杂草、防治病虫害、疏松土壤、保水保肥、保护土壤微生物以及其他生物、培育茶园土壤十分有利，保护武夷茶园自然生态，充分发挥武夷岩茶产区地利优势，培育"岩韵"。

（4）与天气的关系。采制茶时的天气条件，直接影响"岩韵"的形成。正如释超全《武夷茶歌》中所述"凡茶之候视天时，最喜天晴北风吹。苦遭阴雨风南来，色香顿减淡无味"，晴天能为"岩韵"形成创造良好环境条件，使"岩韵"体现明显，阴雨天则"岩韵"不明显。

（5）与工艺的关系。

做青：做青是武夷岩茶品质形成的关键工序。通过摇青，在外力的作用下，叶缘细胞组织逐渐破损，茶汁外溢，接触空气，促进酶的活性和内含物质的水解、氧化、聚合、缩合变化，产生岩茶香、味化合物，一系列化学变化对岩茶"岩骨花香"的形成起着决定

手工做青

❧ 复炒

❧ 文火慢炖

性作用。

复炒：传统的复炒工序能弥补初炒之不足。初揉挤出的茶汁凝于叶表，通过复炒，与高温铁锅壁急速接触，促使某些外附物质急变，特别是糖类与蛋白质或脂类等产生热化作用，形成了特有的味韵，通俗地说，这味韵就是焦糖味、焦蛋白味以及原有茶叶本身的芳香气味，对嗅觉和味觉上的综合感觉，加上前面工艺（包括原料）所形成的岩茶特有的风味。因此，复炒亦为岩茶独具"岩韵"起了很大的辅助作用。

毛火：传统炭焙毛火主要是达到同复炒一样的目的，使揉捻叶外表的茶汁通过明火高温而产生热化作用，形成一种焦糖香味。它对形成岩茶的特殊风味，特别是韵味上有很大影响，同时亦可能由于脂类受高温作用，毛火和凉索后的茶条表面即出现特有的油亮色泽。

吃火：或称"炖火"与热处理，在茶叶焙干的基础上用文火慢炖，使茶叶吃火，达到焙透、焙匀、焙足的目的，是岩茶加工特有的工艺。它不仅是武夷岩茶能长期保存而不易变质的主要措施，实际上还起热处理的热化作用，对增进茶汤颜色，提高滋味甘醇度，辅助香气熟化和形成独特茶汤口感风韵的"岩骨花香"品质特征等，都有良好作用。

3．岩韵是审评高品质武夷岩茶的标准　"岩韵"是武夷岩茶独有的品质特征。武夷山为中国茶树原产地的演化区域，其独特的自然生态、丰富的种质资源和精湛的制作工艺铸就了武夷岩茶优异品质。武夷山得天独厚的环境条件是决定武夷岩茶岩韵特征的关键，其中正岩产区的岩韵最明显，离开武夷岩茶地理标志产品保护区域产的乌龙茶，就无岩韵可言。宋代的北苑贡茶中以武夷茶品质为上乘；元代皇家在武夷山设置御茶园专门采制贡茶，武夷茶从此单独大量入贡，长达255年之久；明代贡额累增，约占全国贡茶（4 022斤）的四分之一，为历朝皇家贡品；在当今为重要接待用茶和高端礼品茶，皆因有"岩韵"品质的存在而令人倍感珍贵。武夷岩茶国家标准实物样的制定、茶企特级产品的生产、茶叶评比中特等茶的评定以及岩茶爱好者品鉴高端岩茶，都是以"岩韵"品质特征为标准进行审评判定。

二、武夷岩茶的品类

武夷茶随时代的推移，茶类的发展，茶品名称常常更新。自唐朝茶圣陆羽《茶经》出现茶字之后，唐代武夷茶称为"晚甘侯"、研膏和蜡面。宋代制龙团凤饼，其茶名就达数十余种；明末清初创制了武夷岩茶新茶类，以及单丛培育花名增多，此后，茶品名称更是万紫千红，品名不胜其数。

（一）清代武夷岩茶品类

17世纪中后期出现了武夷岩茶（乌龙茶），武夷茶的发展逐渐进入旺盛时期，品类繁多。岩茶有奇种、名种、小种、工夫等。洲茶有莲子心、白毫、紫毫、龙须、凤尾、花香、兰香、清香、奥香、种焙、拣焙、岩片等。根据茶树名称命名的有大红袍、肉桂、水仙、木瓜、雪梅、老君眉等。大红袍的最早记载见之于浙江乐清人蒋希召的《蒋叔南游记》，文曰："武夷产茶，名闻全球。""茶之品类，大致为四种"："曰小种……曰名种……曰奇种……曰上奇种。""上奇种，则皆百年以上老树，至此则另立名目，价值奇昂，如大红袍，其最上品也，每年所收天心不能满一斤，天游亦十数两耳（笔者注：当时一斤为16两）。"蒋先生文曰大红袍等"最上品"茶之树丛"皆百年以上老树"。按此说法，大红袍在清代当有之。此后《崇安县新志》和林馥泉、廖存仁也说在清代。

清代陆廷灿《续茶经》引《随见录》："武夷茶在山上者为岩茶，水边者为洲茶。岩茶为上，洲茶次之。岩茶，北山者为上，南山者次之。南、北两山，又以所产之岩名为名，其最佳者，名曰工夫茶，工夫之上，又有小种，则以树名为名，每株不过数两，不可多得。洲茶名色，有莲子心、白毫、紫毫、龙须、凤尾、花香、兰香、清香、奥香、选芽、漳芽等类。"

曾于1732—1734年任崇安县令的刘靖在《片刻余闲集·武夷茶》中提道："岩茶中最高者曰老树小种，次则小种，次则小种工夫，次则工夫，次则工夫花香，次则花香。"

清朝董天工于乾隆十六年（1751）在所修《武夷山志·物产》中写道："第岩茶反不甚细，有小种、花香、清香、工夫、松萝诸名。"

1845年，梁章钜在《归田琐记》中说："今城中州官司廨及富豪之家，竞尚武夷茶，最著者曰花香，其由花香等而上者曰小种而已，山中则以小种为常品，其等而上者名种，此山以下不可多得，即泉州厦门人所讲工夫茶，号称名种者，实仅得小种也。又等而上之曰奇种，如雪梅、木瓜之类，即山中亦不可多得。"

1857年，施鸿保在《闽杂记》中称："名种最上，小种次之，花香又次之……"

1886年，郭柏苍在《闽产录异》中之排列为奇种、名种、小种、次香、花香、种焙、拣焙、岩片，最佳者曰工夫茶，仅有一二两。

（二）民国武夷岩茶品类

1.上奇种、奇种、名种、小种　1921年，蒋叔南在《武夷山游记》中，以上奇种（指百年老树）为最优，次为奇种（包括乌龙、水仙），再次为茗种、小种。

2.提丛、单丛、奇种、名种、焙茶　民国，廖存仁将武夷岩茶分为：提丛、单丛、奇种、名种、焙茶五个花色。提丛：提丛则又提自千百丛之单丛中最优异者，采摘制造均维谨维慎，品质之佳非言语或文字所能形容，如天心岩之"大红袍"，慧苑岩之"白鸡冠"，竹窠之"铁罗汉"，兰谷岩之"水金龟"，天井岩之"吊金钟"等。单丛：单丛系选自优异之菜茶，植于危崖绝壁之上，崩陷罅隙之间，单独采摘、焙制，不与别茶相混合，借以保持该茶优异之特征，品质驾于奇种之上。奇种：奇种为正岩茶，色浓、香清、味醇，具有岩茶之特征。名种：名种为洲茶制成之茶，或半岩茶在制造处理失当，或因气候关系，不能预期制成之成品，色香味均欠佳者。焙茶：焙茶系由初干后簸出之黄片加以筛分制成者，品质最下，价亦最廉。

3. 名丛奇种、单丛奇种、顶上奇种、奇种、名种（小种）、焙茶（包括种米、种片）等花色　林馥泉的分类则比较详细，其将武夷岩茶分为名丛奇种、单丛奇种、顶上奇种、奇种、名种（小种）、焙茶（包括种米、种片）等花色；依品种分为菜茶、水仙、乌龙、奇兰、桃仁、铁观音、梅占、雪梨、黄龙、肉桂等；依地域分为大岩茶、中岩茶、半岩茶、洲茶；依制茶时期分为首春茶、洗山茶、二春茶；依制茶成分分为，用菜茶制成者：名丛——大红袍、白鸡冠、铁罗汉、半天夭、水金龟等；用水仙制成者：水仙、水仙米、奇种、名种、种米、种片；用乌龙制成者：乌龙，以及铁观音、奇兰、肉桂等。单就他搜集慧苑岩茶树花名有素心兰、铁观音、正太阳……等830余名。

民国武夷岩茶分类[①]

分类依据		类　别
依栽培品种分		菜茶、水仙、乌龙、奇兰、桃仁、铁观音、梅占、雪梨、黄龙、肉桂
依制成茶分	用菜茶制成的分	名丛——大红袍、铁罗汉、白鸡冠、水金龟 单丛奇种——冠以各种花名 奇种——顶上奇种、奇种 名种 种末（漳芽） 种片（漳片）
	用各品种制成的分	乌龙、奇兰、桃仁、梅占、雪梨、黄金桂、肉桂、水仙
依栽培地域分		大岩茶[②]　中岩茶[③]　半岩茶[④]　洲茶[⑤]　外山茶[⑥]
依制茶时期分		首春茶、二春茶、夏暑茶、秋茶、洗山茶

注：①本表系20世纪40年代的分类。
②大岩茶亦称正岩茶，产于武夷山慧苑坑、牛栏坑、大坑口、流香涧、悟源涧等地，号称"三坑两涧"。
③中岩茶产于"三坑两涧"以外和九曲溪一带之岩山。
④半岩茶产于丘陵地、星村、企山一带。
⑤洲茶产于崇阳溪和九曲溪侧的沙洲地。
⑥外山茶产于不属于上述范围和黄柏、洋庄、兴田等地。

（三）现今武夷岩茶品类

1.名丛、提丛、单丛、品种、岩水仙、洲水仙、外山水仙、岩奇种、洲奇种、外山青茶、焙茶、茶头　新中国成立后，武夷岩茶的初精制分开进行。在20世纪50—60年代，武夷岩茶分为名丛、提丛、单丛、品种、岩水仙、洲水仙、外山水仙、岩奇种、洲奇种、外山青茶、焙茶、茶头。作为商茶则除名丛、品种单独加工成堆外，水仙分特级至四级。奇种分特级至四级，另加武夷粗茶、细茶、茶梗三种。

2.名岩名丛、普通名丛、品种、水仙、奇种、焙茶、茶头　武夷岩茶在20世纪70年代样价改革后，则分名岩名丛、普通名丛，品种各分三档，水仙、奇种各分1～11等，以及焙茶、茶头。毛茶加工后分武夷级品若干号，水仙、奇种分特级至四级，另加粗茶、细茶、茶梗。

新中国成立后武夷岩茶分类表

年代	初制产品类别（毛茶）	精制产品类别
20世纪50～60年代	名丛、提丛、单丛	武夷极品若干号
	奇种（岩奇种、洲奇种、外山青茶及副产品、焙茶、茶头）	与毛茶分类相同（即按毛茶类别归堆加工）
	水仙（岩水仙、洲水仙、外山水仙）	水仙分特级1～4级
	品种茶（肉桂、奇兰、梅占、乌龙、佛手等）	与毛茶分类相同（即按毛茶类别归堆加工）
20世纪70年代	名岩名丛、普通名丛、品种	武夷极品若干号
	水仙1～11等	水仙特级1～4级
	奇种1～11等及副产品、焙茶、茶头	奇种特级1～4级，副产品，粗茶、细茶、茶梗
	品种茶	品种茶

3.武夷奇种、武夷水仙、武夷肉桂　武夷岩茶（乌龙茶）在1994年实施福建省地方标准，标准代号DB/T 60.1～20—94，成品茶分为武夷奇种、武夷水仙、武夷肉桂，标准代号DB/T 60.18—94。

武夷岩茶出口唛号

年代	品种	唛号	级别	品种	唛号	级别
20世纪 70年代至 90年代	水仙	B700	特级	奇种	C700	特级
		B701	一级		C701	一级
		B702	二级		C702	二级
		B703	三级		C703	三级
		B704	四级		C704	四级
		B705	茶片			
		B706	粗茶			
		B707	细茶			
		B708	茶梗			

注：7—代表武夷山；B—代表水仙；C—代表奇种。

武夷岩茶（乌龙茶）综合标准

武夷岩茶（乌龙茶）成品茶分类表

年代	产品标准代号	产品级别
1994—2002年	DB35/T 60.1 ~ 20—94	武夷奇种特级、1 ~ 4级
		武夷水仙特级、1 ~ 4级
		武夷肉桂特级、1 ~ 2级

4. 大红袍、肉桂、名丛号、品种号、老丛水仙、正岩水仙、武夷水仙、老丛奇种、正岩奇种、武夷奇种　武夷岩茶（乌龙茶）在1994年实施福建省地方标准，标准代号DB35/T60.1 ~ 20—94，品类名称有大红袍、肉桂、名丛号、品种号、老丛水仙、正岩水仙、武夷水仙、老丛奇种、正岩奇种、武夷奇种。武夷岩茶内销（小包装）名称与等级对照如下表。

武夷岩茶内销（小包装）名称与等级对照表

名称　　　　等级	毛茶	精茶
大红袍	不低于名岩名丛一级（中堆）	极品
肉桂	不低于普通名丛特级（上堆）	极品
其他名丛号	不低于普通名丛二级（下堆）	极品
各品种号	不低于品种二级（下堆）	一级半
老丛水仙	不低于水仙3 ~ 5等	一级半
正岩水仙	不低于水仙5 ~ 7等	二级半
武夷水仙	不低于水仙8 ~ 11等	三级半或四级
老丛奇种（乌龙）	不低于奇种3 ~ 5等	一级半
正岩奇种（乌龙）	不低于奇种5 ~ 7等	二级半
武夷奇种（乌龙）	不低于奇种8 ~ 11等	三级半或四级

5. 大红袍、名丛、肉桂、水仙、奇种　武夷岩茶在2002年实行地理标志产品保护后，成品茶分为大红袍、名丛、肉桂、水仙、奇种五品类。

原产地域保护产品　武夷岩茶分类表一

年代	产品标准代号	产品级别
2002—2006年	GB 18745—2002	大红袍
		名丛
		肉桂特级、1～2级
		水仙特级、1～3级
		奇种特级、1～3级

地理标志产品　武夷岩茶分类表二

年代	产品标准代号	产品级别
2006年至今	GB/T 18745—2006	大红袍特级、1～2级
		名丛
		肉桂特级、1～2级
		水仙特级、1～3级
		奇种特级、1～3级

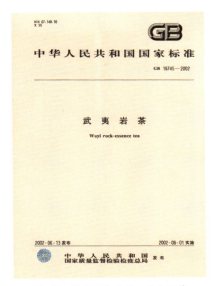

原产地域保护产品　武夷岩茶

地理标志产品　武夷岩茶

2002年，武夷岩茶获得国家地理标志保护产品，同时制定武夷岩茶国家实物标准样，标准代号为GB/T 18745。武夷岩茶产品分为大红袍、名丛、肉桂、水仙、奇种五大类。

（1）大红袍。大红袍既是茶树名，又是茶叶商品名和品牌名，大红袍原为四大名丛之一，2012年通过审定成为福建省级优良品种。大红袍茶的品质特征是条索紧结、壮实、稍扭曲，色泽青褐油润带宝色，香气馥郁，锐、浓长、清、幽远，滋味浓而醇厚，润滑回甘，岩韵明显，杯底有余香，汤色清澈艳丽，呈深橙黄色，叶底软亮匀齐、红边明显。《地理标志产品 武夷岩茶》国家标准（GB/T 18745）中，大红袍产品级别有特级、一级、二级。

（2）名丛。武夷山素有茶树品种资源王国之称，其丰富的茶树品种资源是优越的生态环境条件下，经过长期的自然杂交途径进行基因重组与基因突变及先民们不断的人工选择、选育出千姿百态和不同品质特点的各种优良单株即单丛，又从优中选优而形成名丛。名丛茶的品质特征条索紧结、壮实，色泽较带宝色或油润，香气较锐、浓长、清、幽远，滋味醇厚，回甘快，杯底有余香，岩韵明显，汤色清澈艳丽，呈深橙黄色，叶底软亮匀齐，红边带朱砂色。

（3）肉桂。肉桂是从武夷山有性群体名丛中选育出来的，栽培历史悠久，远在清代蒋蘅《武夷茶歌》中对其品质就有很高的评价："奇种天然真味存，木瓜微酽桂微辛。何当更续新歌谱，雨甲冰芽次第论……"1985年通过审定成为福建省级优良品种，成为武夷岩茶的后起之秀。

肉桂外形条索肥壮紧结、沉重；色泽绿褐油润，匀整，香气辛锐持久，似有奶油香、或蜜桃香、或桂皮香，滋味醇厚鲜爽，刺激感强，岩韵明显，汤色清澈明亮，呈金黄或橙黄，叶底肥厚黄亮柔软，红边明显。《地理标志产品 武夷岩茶》国家标准（GB/T 18745）中，肉桂产品级别有特级、一级、二级。

（4）水仙。水仙在武夷山茶区种植的历史久远，其高产优质，抗（旱、病、寒）性强，制出的茶品质稳定优良，深受广大消费者的喜爱，是武夷山茶区的当家品种，是闽北茶望族。

水仙外形条索壮结、重实，叶柄及主脉宽大扁平，色泽青褐油润，香气浓郁鲜锐，有兰花香，木香特征明显，滋味醇厚、润滑，品种特征显露，岩韵明显，汤色清澈浓艳，呈金黄或深橙黄色，叶底肥厚软亮，红边鲜艳明显。《地理标志产品 武夷岩茶》国家标准（GB/T 18745）中，水仙产品级别有特级、一级、二级、三级。

（5）奇种。用武夷菜茶品种采制加工而成的成品茶为奇种，菜茶是武夷山原始的有性群体茶树品种，奇种为产品名，成茶的品质特征是外形条索紧结重实，色泽乌褐较油润，香气清高细长，滋味清醇甘爽，岩韵显，汤色金黄明亮，叶底软亮匀齐，红边明显。《地理标志产品 武夷岩茶》国家标准（GB/T 18745）中，奇种产品级别有特级、一级、二级、三级。

第二节 武夷岩茶感官审评

武夷岩茶感官审评是茶叶专业审评人员通过正常的视觉、嗅觉、味觉、触觉感受，对武夷岩茶的感官特性（外形、色泽、香气、滋味和叶底等）进行鉴定，是一项技术性很高的工作。为了准确评定武夷岩茶品质，评茶人员必须不断提高和锻炼自己的审辨能力，掌握审评要点，使嗅觉、味觉、视觉、触觉都有正确的反应，避免各种外界因素的干扰，还应该深入到武夷岩茶茶园考察生长环境和栽培管理，了解加工制作的过程，取得感性认识，以提高审评的准确度。

一、武夷岩茶感官审评方法

武夷岩茶审评分干评和湿评，主要用具有：审评杯（钟形杯）、审评碗、汤匙、小茶杯、叶底盘、计时器、网匙、天平等用具。

（一）干评外形

审评外形一般是将样茶放入审评盘里（数量180～200克），双手拿住审评盘的对角边沿，一

武夷岩茶审评用具

手挡住样盘的倒茶小缺口，运用手势作前后左右的回旋转动，使样盘里的茶叶均匀地按轻重、大小、长短、粗细等不同有序地分布，分出上中下三个层次。一般来说，比较粗长轻飘的茶叶浮在表面，叫面装茶，或称上段茶；细紧重实的集中于中层，叫中段茶，俗称腰档或肚货；体小的碎茶和片末沉积于底层，叫下身茶，或称下段茶。审评毛茶外形时，先看面装，后看中段，再看下身。看三段茶时，根据外形审评各项因子，以条索、色泽为主，结合整碎和净度，条索看松紧、轻重、壮瘦、挺直、卷曲等。色泽绿褐或青褐油润为好，以灰褐、枯褐为次，条形匀整饱满，无梗片和夹杂物。同时要注意各段茶的比重，分析三层茶的品质情况。

干评外形

（二）湿评内质

以香气、滋味为主，结合汤色、叶底。冲泡前先洗净用具，再用开水烫杯、碗等用具。在审评盘上摇匀样茶，使上、中、下段茶分布均匀，用拇指、食指、中指扦取5克样茶，扦取的样茶应包括上、中、下三层茶，使之具有充分的代表性。每次称取应一次抓够，宁可手中稍有余茶，不宜多次抓茶添增，秤后将样茶投入盖杯中，用现开的水冲泡，并用盖刮去泡沫，将盖洗净后稍斜放（盖）好。第一泡2分钟（1分钟后闻香气，2分钟后倾出茶汤），第二泡3分钟（2分钟后闻香气，3分钟后倾出茶汤），第三泡5分钟（3分钟后闻香气，5分钟后倾出茶汤）。每次闻香后，再倾出茶汤，看汤色，尝滋味。

1. **闻香气**　用拇指、食指、中指拿凹形杯盖靠近鼻子，闻杯盖中随水汽蒸发出来的香气，以辨香气类型、纯杂、高低、粗细、长短、持久性。第一泡闻香气纯杂、高低，第二泡辨别香气类型、粗细，第三泡闻香气的持久性。

2. **看汤色**　用拇指和中指拿杯沿、食指压盖顶，提杯倾斜，将茶汤倒入汤碗中。主要看汤色的浓淡、深浅、清澈、浑浊，以清澈明亮，呈金黄或橙黄或深橙黄为好。

3. **尝 滋 味**　滋味有厚薄、浓淡、苦
涩之分。第一泡滋味浓可能还带有杂味，
不易辨别，第二泡清纯，较准确辨该茶的
真味，第三泡评茶的耐泡性。苦涩味在口
腔中的部位不同而体现不同，一般认为舌
面略苦涩是正常的现象，能很快回甘，舌
根下面的苦是真苦，不易消退，舌两侧涩
是轻涩尚能较快回甘，两颊感涩为重涩，
回甘较慢，齿根及嘴唇涩味是"麻"，不易
回甘，是内质不好的表现。

4. **看 叶 底**　叶底应放入装有清水的
叶底碗或叶底盘中，看叶的老嫩度、厚薄、
硬软、色泽、红边程度和火功程度等。

❧ 闻香气

❧ 尝滋味

❧ 看叶底

二、武夷岩茶的审评要点

武夷岩茶品质风韵浓厚，香味隽永，故审评过程必须耐心细致认真，做到
"三看、三闻、三品、三回味"。

1. **三看**　即看干茶、看汤色、看叶底。

一看：干茶的外观形状及色泽，条索紧结、重实，色泽绿褐或青褐油润。条形匀整饱满，无茶梗、无黄片、无三角片、无黄条、无夹杂物等。

二看：汤色。汤色应当金黄或橙黄或深橙黄，清澈艳丽明亮，赏心悦目，浓茶汤色可呈鲜亮的琥珀色。

看汤色、看叶底

三看：叶底。叶底放入装有清水的叶底碗或叶底盘中。叶底软亮，叶缘朱红明亮，中央黄绿，呈绿叶红镶边；叶底暗褐色，呈现似蛤蟆背状，所谓蛤蟆背就是叶面上隆起的大大小小、分布不均、凹凸不平的小泡点。

2. 三闻（嗅）　即干闻、热闻、冷闻。

一干闻：主要闻干茶的香型，以及有无陈味、潮味、霉味和吸附了其他的异味。

二热闻：是指冲泡后趁热闻茶的香气。茶香有芳香、甜香、火香、清香、奶油香、花香、桂皮香、蜜桃香、果香、品种香等不同的香型，每种香型又分为馥郁、浓郁、清高、幽雅、辛锐、纯正、清淡、平和等表现程度。好的岩茶香气芬芳馥郁，具幽兰之胜，锐则浓长，清则幽远，丰富幽雅、持久。

三冷闻：是指温度降低后再闻杯盖或杯底留香，这时可闻到因茶叶芳香物在高温时大量挥发而附在盖或杯底上的气味，尤其以明显者为上。

 热闻

 冷闻

优质武夷岩茶的香气一般锐者需浓长，幽者需清远，有芳香馥郁的天然花果香气，香气纯而持久。

3.三品　即品火功、品滋味、品岩韵。即通过"含英咀华"品啜茶汤来评鉴武夷岩茶的内质。

一品：火功。火功是岩茶独特的"烘焙工艺"所形成的风格特征。因烘焙温度和时间不同，火功程度分为轻火、中火和足火。轻火、中火的武夷岩茶清花香明显，滋味稍清淡些；足火武夷岩茶果香明显，滋味更浓烈。

二品：滋味。品滋味的厚薄、浓淡、苦涩。啜之有骨，厚而醇，润滑甘爽，舒适持久。

三品：岩韵。岩韵，亦指"岩骨花香"，它是武夷岩茶独特的自然生态环境、适宜的茶树品种，良好的栽培技术和传统而科学的制作工艺综合形成的香气和滋味，是武夷岩茶独有的品质特征。品悟岩韵是品武夷岩茶的特色之方式，要用心综合领悟武夷岩茶中的"岩韵"，要从舌本去细辨、从喉底去感受，方能体会出舌底生津、口里回甘、神清气爽、心旷神怡的感受。

武夷岩茶首重岩韵，正岩山场的武夷岩茶茶底厚则岩韵显，洲茶或外山茶则无岩韵。

4.三回味　是在品茶之后的感受，古人曾有"舌本常留甘尽日"的赞誉。优质武夷岩茶饮之后：一是舌根回味甘甜，满口生津；二是齿颊回味甘醇，留香尽日；三是喉底回味甘爽，气脉畅通，五脏六腑如得滋润，使人心旷神怡，飘然欲仙。

第三节　武夷岩茶品饮

品饮是一门综合艺术。以茶为载体，品味茶中内涵，是一种审美和享受。实现高级精神活动的品饮，需具备一定的茶叶感官审评基础、茶文化、饮茶历史、美学基础等知识，具备一定的品鉴、审美能力和良好的语言表达能力。品饮过程不仅是对茶的自然属性（形、色、香、味）的仔细品味，也是对茶所蕴含的精神属性的用心感悟。通过品饮，满足了人们的生理和精神需求，在品茶中获得美感，精神得到愉悦，产生诗情画意的艺术升华。

中国是茶的故乡，不同产区的茶类，有着不同的茶韵。善于品茶的人，都讲究品尝茶韵，特别是名茶的独特风韵。武夷岩茶独一无二的"岩韵"，是茶人不断品饮茶过程中所获得的特殊感受，表现为香气丰富幽雅，滋味内涵丰富、润滑爽口，让人心旷神怡、舒适持久。岩韵是武夷岩茶的品质、风格、风味、气质，达到了同茶类中的最高品位，具有显著地域特征，是一种感觉，是一种境界，有香韵、味韵。

一、古人对岩韵的评述

"臻山川精英秀气所钟，品具岩骨花香之胜。"武夷茶之岩韵，唯有这将大自然山川精英融为一体的茶，才能在品味之时，有岩骨之滋味和芬芳馥郁之香气。"岩骨花香"概括了岩韵的本质。岩，茶树生长于碧水丹山环境；骨，茶汤内涵丰富之质感；花，武夷山伴茶而长的植物，如兰花、桂花、梅花等；香，茶香丰富幽雅，并有层次变化。"岩骨"就是以岩骨来比喻岩茶滋味的质感，花香就是岩茶香气的气质。

宋代范仲淹《和章岷从事斗茶歌》曰："斗茶味兮轻醍醐，斗茶香兮薄兰芷。"醍醐，是类似酥油奶酪一般的物质，挑一匙到嘴里，醇厚而易融化。他赞赏武夷茶的滋味，胜过美味无比的醍醐，认为茶汤入口，既醇厚，又快速在舌、两颊化开，产生生津和回甘的舒适感，这就是超越醍醐的意思。"兰花"是花中君子，其香号称王者之香，以香气幽雅而闻名，茶香胜过清幽高雅的兰芷，更加细腻和悠长，倍增茶之气韵。

梁章钜之《归田琐记》中，把武夷岩茶之风韵归纳为"活、甘、清、香"，这四字已

梁章钜《归田琐记》

把武夷岩茶之精华表达得淋漓尽致，尤其这四个字之中的"活"字，系指润滑、爽口，有快感而无滞涩感，喉韵清冽（包括岩韵）。

乾隆皇帝《冬夜煎茶》诗："就中武夷品最佳，气味清和兼骨鲠。""品最佳"是对武夷茶的肯定，"气味清和兼骨鲠"是对香气和滋味的品鉴描述。"清和"既是对香气评述又是对滋味评述，表现香清幽、味醇和美；"骨鲠"本义是形容人之刚直的性格，是对滋味的评定，"骨鲠"是茶汤物质丰富、味觉很物态的刺激感，这里的"骨鲠"即是"岩骨"之意。

清代袁枚在《随园食单·茶酒单》中，从所用的茶壶、茶杯到品茶程序、感觉与武夷茶的品质特点均做了详细而生动的描述："上口不忍遽咽，先嗅其香，再试其味，徐徐咀嚼而体贴之。果然清芬扑鼻，舌有余甘，一杯之后，再试一二杯，令人释躁平矜，怡情悦性。"谈到武夷岩茶的韵味，他在慢饮细啜中，把武夷茶比作美玉，把龙井和阳羡茶比作水晶，说明它们的韵味各有独到之处，来加以对"岩韵"的评述。

二、当代人对岩韵的评述

当代茶圣吴觉农说：品具岩骨花香之胜，味兼红茶绿茶之长。

茶界泰斗张天福说：乌龙茶的制茶工艺源于武夷岩茶，由于武夷山独特的自然环境熏陶，遂使武夷岩茶品质具有特殊的"岩韵"，即香味相结合，品饮后有回味（喉韵）余韵犹存，齿颊留芳。

著名茶学家林馥泉用"山骨、嘴底、喉韵"来描述"岩韵"。岩茶之佳者，入口须有一股浓厚芬芳气味，过喉均感润滑活性，初虽稍有茶素之苦涩味，过后则逐渐生津，岩茶品质之好坏，几乎取决于气味之良劣。

当代篆刻书法家潘主兰先生也作诗赞到："岩茶风韵不寻常，活甘清香细品尝。解得此中梁氏语，《归田琐记》却精详。"

武夷岩茶泰斗姚月明说：品饮岩茶首重"岩韵"，岩茶香气馥郁，具幽兰之胜，锐则浓长，清则幽远，味浓醇厚，润滑回甘，有"味轻醍醐，香薄兰芷"之感，正所谓"品具岩骨花香之胜"。

🌿 茶界泰斗张天福（左2）、武夷岩茶泰斗姚月明（左1）、
茶学家骆少君（右1）审评武夷岩茶

著名女茶学教育家戈佩贞说：武夷山茶人将武夷岩茶的气味提升为韵味，韵源自岩，又将优质岩茶所特有的韵味升华为"岩韵"，这是武夷茶人品饮史上的伟大创举。从古至今，品尝武夷岩茶已成为一件极富诗兴雅意的赏心乐事，为广大文人雅士所崇尚。也正因为用"岩骨花香"四个字来诠释的"岩韵"而折服了众多的茶人、茶友。

🌿 当代中国第一位著名女茶学家、教育家——戈佩贞

武夷山茶农、茶人常用"有骨头""山骨""水底厚""不薄""有东西""回味长久""齿颊留香""过喉润滑"等朴实术语来表达武夷岩茶的"岩韵"。

体验"岩韵"的过程，其实就是品鉴岩茶时的审美过程。岩茶的品质越好，品茶者对岩茶的了解、体会以及茶文化修养越高，在品茶活动中产生的美感越强。到了这个境界，"岩韵"就很难用语言来概括和形容，只能用心去体会那种"只可意会不可言传"的美妙感官感觉。

三、岩韵是武夷岩茶的魅力所在

武夷岩茶素以"岩韵"著称于世。"岩韵"是武夷岩茶的底蕴和内在魅力，使其从众多茶类中脱颖而出，令人为之追捧，为之倾倒，为之神往，耐人寻味。茶人往往以品武夷岩茶中"岩韵"为弥足珍贵，至高享受，博大精深。"岩韵"也是老茶人的毕生追求、无法穷尽的魅力。武夷岩茶的"岩韵"品质、对人体的保健功能和悠久灿烂的武夷茶文化底蕴，创造了千回百转市场持久不衰的神话。

四、武夷岩茶之"陈饮"

武夷岩茶自古以来就有"陈"比"新"好的说法。清初周亮工《闽茶曲》说："雨前虽好但嫌新，火气未除莫近唇。藏得深红三倍价，家家卖弄隔年陈。"可见，古人已经知道陈年岩茶的妙处。武夷山民间就有这样的习惯，若有人胃胀腹泻，常常是找陈年武夷岩茶来饮用，以缓解病情。

据记载，历史上惠安城关霞梧街开设的施集泉茶庄（1781年）经营武夷岩茶"铁罗汉"，其茶品享有盛誉。它是用武夷岩茶（陈茶）拼配而成，有神奇的治病功效。1890年和1931年前后，惠安曾发生两次时疫。病人饮用施集泉茶庄的铁罗汉后，部分人得以治愈。它是沿海居民居家出海的必备良药，销售地区随之扩展至东南亚各地。

武夷岩茶泰斗姚月明说："喝武夷岩茶者，一般起初求香，后来重味，进而追寻陈茶风味，会经历这三个阶段。"

传统的武夷岩茶需要约一年的熟化期，因新茶火气未除，且香气欠幽，滋味欠醇润。待火气消退到熟化适期时，色、香、味达到顶峰，香高清纯、浓长、幽远，汤色橙黄明亮，滋味醇厚、润滑、甘爽，饮后令人舒适持久。武夷岩茶经长年存放，陈香明显纯正，汤色呈深橙黄或琥珀色，清澈艳丽，滋味浓醇、润滑、清纯、爽口。

因陈茶中的内含物质稳定，冲泡后，物质浸出均衡，且多为小分子物质，渗透性好，更易被人体吸收，浸出物具有多样性等特点。陈茶茶汤中更多丰富的芳香物质、有机酸等，是挥发性的，在它们挥发过程中起着吸热的作用，是重要的清凉剂。多酚类物质轻微刺激口腔黏膜，促进唾液分泌，渗透性强，生津明显持久，能止渴。咖啡碱在低剂量时对大脑皮层有选择兴奋作用。故在体温调节，解热止渴方面起根本性作用，是止渴、解热、消暑之良药；茶叶中的儿茶素类对伤寒杆菌、副伤寒杆菌、黄色溶血性葡萄球菌、金黄色链球菌和痢疾等多种病原菌具有明显的抑制作用；便秘是由于肠管松弛使肠的收缩蠕动力减弱，而茶多酚的收敛作用使得肠道蠕动能力增强，有显著的治疗便秘效果；另外，微量的茶皂素也有促进小肠蠕动的作用和迟缓性便秘的治疗效果；茶叶中的生物碱能兴奋神经，能提高人体的基础代谢、肌肉收缩、肺通气量、血液流出量、胃液分泌等。生物碱中的茶叶碱利尿作用最大，但可可碱的利尿作用最持久。喝陈茶后出现的所谓"茶气"，即发热、出汗、打嗝等与这些因素有关。多喝陈茶后虽然也会利尿，但很多水分大部分通过人体基础代谢，经过挥发从体表排出，所以喝完等量的陈茶汤后排尿量比喝新茶少很多。对陈茶品饮的感受因人而异，喝出自己的真感受是最重要的。

优质武夷岩茶的储藏、陈化，须顺应自然，在时间的长河中不断变化，在变化中达到熟化、沉稳、调和的品质，在陈饮品味时得到一种人生感悟：人生如茶。

第八章

武夷岩茶 贮藏、
陈化与保健功效

陈年武夷岩茶的风味备受市场青睐，其保健功效更是裨益人类健康。随着陈茶市场的不断开发，时间越久越有价值。优质的陈年武夷岩茶，首先是原料本身要具备好品质，其次是要存储得当。

第一节　武夷岩茶贮藏

武夷岩茶随着贮藏时间的延长，在水分、光照、氧气、温度条件和微生物作用等因素的共同影响下，陈年武夷岩茶的品质会发生不同程度的变化。良好的储藏条件，会促进茶叶品质逐渐陈化改变，转化为带有独特的陈香陈味。但保存不良的茶叶，其品质会发生劣变，失去饮用价值和保健功效。以下介绍武夷岩茶的储藏容器、仓储环境及保存方法。

一、武夷岩茶储藏的容器

武夷岩茶储藏的容器有锡罐、铁箱、铁桶、木箱、布袋、塑料袋、编织袋等。容器要求干净、卫生、无异味等。

1.**锡罐、铁箱、铁桶**　密封性、防潮性能佳，茶叶不易断碎，具有保护茶叶条索的完整性，减少损耗，效果最好。锡或铁壁吸热和传热的性能强，对于讲究烘焙工艺达到"足火"程度的武夷岩茶，其退火的效果最佳，茶叶陈化自然、卫生。用锡罐成本高，采用铁箱、铁桶则经济实用。

武夷岩茶储藏铁桶

2.**木箱、布袋**　透气，密封性差，茶叶易吸湿返潮，用于茶叶短期存放。用木箱、布袋装刚焙好的茶，退火最快，但要求仓库干燥卫生。其优点是储藏茶叶，能充分有效接触空气，在氧气及微生物的作用下陈化快。在湿度较高的时候，容易吸湿返潮，在空气湿度降低时，受潮茶叶的水分又能散发出来，水分易吸易散，自然调节。

武夷岩茶储藏木箱　　　　　　　　　　　武夷岩茶储藏布袋

3.编织袋、纸箱（外纸箱内套塑料袋）　成本低，使用方便，密封性较好，茶叶易造成断碎，不宜长期储藏茶叶。因材料是用塑料制成，挥发的一些塑料气味被茶叶吸附而影响茶叶品质。在茶叶受潮时，水汽不容易散发，会造成茶叶干霉变质。

武夷岩茶储藏编织袋　　　　　　　　　　武夷岩茶储藏纸箱

二、武夷岩茶仓储的环境

只有在常温、干燥、通风、阴凉、避光、无异味的环境条件下可长期存放。将容器排放在货架上，底部不要接触地面，四周不靠墙，利于通风透气，避免容器底部及外壁凝聚水汽。

仓库坐北朝南。南面和北面开门或开窗，窗户设有遮阳帘，东、西面为墙立面，不开窗门，即避免阳光直射，这样设置的仓库即能通风透气又避光。温度为20 ～ 30℃，以23℃为宜，湿度50% ～ 70%，湿度不要高于75%，就是人体感觉舒适的环境。

在晴天时每隔一段时间开窗通风，适度流通空气，排出水汽和不清爽的杂味，交换清新空气，不断提供新鲜的氧气，满足茶叶陈化的需求。

地面、墙体用青砖或原木板，采用自然材料，起到自然调和温度与湿度的作用。新茶中一些不稳定物质通过长时间的一系列化学变化，产生的易挥发成分，散发到空气中，部分被仓库的自然材料吸附，久而久之成为旧仓库，形成一个具有陈香、陈韵的微型小环境，有利于茶叶的陈放，效果更佳。

第二节　武夷岩茶陈化

随着人们对陈年武夷岩茶"陈香、陈韵"的追求越来越高，陈年武夷岩茶的品质与保健功效被逐步认识和发掘，陈年武夷岩茶从沉睡的茶仓中被慢慢唤醒，从而逐步走向市场、走进消费者的生活里，让人了解优质陈年武夷岩茶应具备的基本条件、储藏容器、仓储环境、陈化、陈饮等。

一、优质陈年武夷岩茶应具备以下条件

1. 茶树的生长环境（包括生态、气候及土壤等条件）　武夷山优越的自然、生态环境是武夷岩茶优良品质形成的物质基础，起着决定性的作用。

2. 优良的茶树品种　品种不同，茶叶中所含的物质成分不同，形成品质的物质基础不同，生产出来的产品也不同。经自然界的优胜劣汰，及千百年来人工经验智慧的培育，茶树品种更加优良。选择更为优良的品种，符合武夷岩茶制作工艺要求，更能保证产品品质的优越。

3. 良好的栽培技术　武夷耕作法是前人总结出来的栽培方法，顺应茶树自然生长，有利于茶叶品质提高的措施。现代科学的栽培技术也要遵守古法。

4. 传统而科学的加工技术　传统的加工工艺，是前辈代代留传下来的经验智慧结晶，不能因市场需要而简化。始终要遵循传统工艺的特点，有些传统工

艺是现代手段所不能替代的。

5.茶叶的含水量　武夷岩茶含水量在3%为最佳，根据国家标准要求含水量不能超过6.5%。

二、陈年武夷岩茶主要内含物的变化

武夷岩茶是乌龙茶的典型代表，品质独特，重味以求香。武夷岩茶经过长期陈放，其内含物质发生一系列复杂的化学变化，如氧化、降解、异构、缩合、聚合、生物反应等，直接表现在色、香、味的变化上。影响色、香、味的主要物质是茶多酚、糖类、生物碱、氨基酸、芳香物质等。

1.多酚类　其滋味苦涩，有刺激性和收敛性，发生氧化、聚合、缩合，复杂儿茶素氧化降解为简单儿茶素或游离儿茶素，复杂儿茶素其涩味感强，简单儿茶素涩味较弱，陈茶味表现为顺滑爽口；茶黄素、茶红素相应增加，茶汤色逐渐变深；花黄素类（黄酮醇类）氧化、降解为简单的物质，使涩味降低。

2.糖类（又称碳水化合物）　分为单糖、多糖、复合糖等。其中水溶性果胶，具有黏稠性和亮度，使茶味甘醇。在陈放过程中，难溶于水的多糖如纤维素降解成为可溶性碳水化合物，淀粉被水解成可溶性糖类，果胶被降解为可溶性的碳水化合物，茶汤滋味更甜，口感变稠。

3.生物碱　主要种类有咖啡碱、茶叶碱、可可碱，以咖啡碱含量最高，溶于水，是茶汤苦味的化学成分，有助于协调茶汤滋味。在陈放过程中，其含量会下降、减少，茶汤苦味变轻。

4.氨基酸　主要为茶氨酸、谷氨酸、天冬氨酸等，溶于水，带有鲜爽的气味，也是香气的先导物之一。氨基酸发生氧化、降解和转化，使茶汤鲜爽味下降，与多酚类及糖类发生反应，生成新的香味物质与褐色物质，产生陈香、陈味，色泽、汤色变深。

5.芳香物质　是一类具有挥发性和一定气味特征的物质总称。根据其沸点不同，分为高沸点和低沸点芳香成分，低沸点的香气易挥发，不耐存放，高沸点的芳香物质一般具有令人愉快的花果香味，相对耐保存。随着时间的推移，香气变成深沉细腻的陈香。

武夷岩茶在陈放过程中，因茶叶产地、品种、工艺、容器不同，存放环境条件各异，陈变的品质特征各有差别。同一种茶在存放过程中，不同阶段内含物质含量都在发生不同变化，在某一阶段的香气、口感经历一定转化期后变得更优越。经历长时间的陈放，陈茶的化学变化由活跃趋向稳定、缓慢，许多大分子化合物变成小分子，而溶于水，更加耐泡。因此，陈茶的水浸出物随着年份的增加而增加，茶汤色更加深橙或带琥珀色，清澈明亮。香气更加细腻深沉，呈现出木质香、梅子香等陈香气息。滋味更加润滑、醇厚、甘甜、爽口，令人舒适愉快。

第三节　武夷岩茶保健功效

茶叶皆有良好的保健功效，而诸茶皆性寒，胃弱食之多停饮，惟武夷茶性温不伤胃。武夷岩茶兼具绿茶之清香，红茶之甘醇，是中国乌龙茶中之极品，其所含具有保健功能的物质，相当部分比其他茶类更高更丰富。古今中外许多有识之士，对武夷岩茶的保健功效，都给予充分高度的评价。

一、武夷岩茶养生与保健

清代赵学敏在《本草纲目拾遗》中说："武夷茶出福建崇安。其茶色黑而味酸，最消食下气，醒脾解酒。"并引单杜可的说法："诸茶皆性寒，胃弱者食之多停饮，唯武夷茶性温不伤胃，凡茶癖停饮者宜之。"又言它可治休息痢，并引《救生苦海》说明其服用方法，云："乌梅肉、武夷茶、干姜为丸服。"

著名茶学家陈椽在《茶叶商品学》一书中写道："福建武夷岩茶，温而不寒，提神健胃，消食下气解酒，治痢，同乌梅、干姜为用，也是南方治伤风头痛的便药。还可用于防治癌症，具有降低胆固醇和减重去肥的功效。"

当代百岁茶人张天福曾说自己的长寿秘诀就是喝茶，经常喝茶可以长寿，有益健康，他就是活标本。"何止于米，相期以茶"，张老活到108岁，是全国十大茶学家中活到茶寿的唯一寿者，创历史纪录。事实证明，常饮武夷岩茶，能益寿延年。

🌿 张天福108岁题"茶寿茶"

根据福建农林大学林金科、袁弟顺等人关于武夷岩茶（大红袍等）的研究成果：

第一，茶多酚含量达17%～26%，具有保健功能的核心成分EGCG（表没食子儿茶素没食子酸酯）含量达8.18%。目前，EGCG无法人工合成，EGCG在生物界中唯一来源就是茶叶。EGCG的主要功能有：①诱导抗癌基因的高表达，诱导致癌基因的低表达；②EGCG能与胆固醇酶相互作用，从而抑制胆固醇的吸收；③对亚硝酸基的消除率达96.9%，对N-亚硝胺合成的阻断率达98.6%（消除致癌因子）；④EGCG具有再生体内高效抗氧化剂的功能。能保护和修复细胞的抗氧化系统；⑤具消除活性氧自由基的作用，其活性为等量VC的4.93倍；⑥EGCG可激活抗氧化酶系-SOD、GSH、CAT，这三种抗氧化酶对自由基有着高效的清除作用；⑦EGCG具有抗变异作用（抗辐射损伤作用）。

第二，茶多糖含量达1.8%～2.9%，是红茶的3.1倍、绿茶的1.7倍。茶多糖具有增强机体免疫力、降血糖、抗凝血（抗血栓）等生理功能。

第三，茶氨酸的含量达1.1%。茶氨酸是茶叶特有的氨基酸，具有多种功能：①茶氨酸进入脑后会使脑内神经传达物质多巴胺显著增加，增强记忆力；②茶氨酸能使人放松、镇静。所以人们在饮茶时感到平静、心境舒畅；③能保护神经细胞，可用于对脑栓塞、脑出血、脑中风、脑缺血，以及阿尔茨海默病等疾病的防治；④降血压作用，试验表明茶氨酸可能是通过调节脑中神经传达物质的浓度来发挥降血压的作用；⑤提高免疫力，茶氨酸是调动人体免疫细胞抵御病毒、细菌、真菌的主要物质。

　　武夷岩茶是产自我国福建闽北地区的乌龙茶，因其"岩骨花香""醇厚甘滑"的品质特征而闻名。焙火是岩茶重要制茶工序，对其品质形成起关键作用。浙江大学屠幼英、刘晓博等人开展关于不同焙火程度武夷岩茶的减肥作用及其机理的研究，其研究以水仙（SX）、奇种（QZ）、大红袍（DHP）、肉桂（RG）四个品种原料，按武夷岩茶传统制茶工艺，经萎凋、做青、杀青、揉捻、初干工序后，在特定焙房中分别以轻、中、高三种焙火程度制样。论文测定了四个茶树品种三个焙火程度的12种岩茶的主要理化成分和香气成分，并进行了从动物、细胞、清除自由基1，1-二苯基-2-三硝基苯肼（DPPH）实验，以此探究焙火对岩茶减肥功能的影响及机理，主要结果如下。

　　1.焙火对武夷岩茶的非挥发性物质影响显著　随着焙火程度的提高，水分、儿茶素、氨基酸和茶黄素在几个茶树品种样品中均呈现显著降低的趋势；酚氨比随着焙火程度的增加而显著增加；蛋白含量在奇种和肉桂样品中呈现增加趋势；咖啡碱含量都呈现先增加后降低的趋势。

　　2.基于OPLS-DA模型，以315种挥发物成功建立了焙火等级判别模型，其中共发现99种挥发物是该模型的关键物质，也是不同焙火等级武夷岩茶的香气差异的原因　尤其是以下7个化合物可能是武夷岩茶焙火过程的特征香气物质，包括：①1,2,3,4-四氢-1,6,8-三甲基-萘；②1,1,5-三甲基-1,2-二氢萘；③对二甲苯；④α-甲基-α-[4-甲基-3-戊烯基]环氧乙烷己醇；⑤肼甲酸苯甲酯；⑥十五烷；⑦4-(2,6,6-三甲基-2-环己烯-1-基)-3-丁烯-2-酮。HCA聚类结果也可以将茶样按不同焙火程度区分开。

　　3.大红袍岩茶可显著改善小鼠血浆和肝脏脂质相关指标　以不同焙火程度大红袍岩茶灌胃高脂小鼠。三个岩茶处理组中，低焙火组在小鼠体重、脂肪重量、脂肪系数、血清和肝脏TC、肝脏抗氧化指标SOD、MDA等方面均有良好功效；高焙火组对小鼠体重、脂肪重量、脂肪系数、血清中TC、LDL、MDA等方面有较好效果；中焙火组效果低于前两组，在小鼠体重、血清中TC、LDL，肝脏抗氧化指标SOD、MDA等几个方面改善作用较好。总体来看，以低焙火的降脂减肥效果最佳，这可能与其儿茶素类含量最高有关。焙火对大红袍岩茶的减肥效果略有降低。

4. 武夷岩茶提取物在体外均表现出良好的抗氧化效果　岩茶浓度≥200微克／毫升，3T3-L1分化成熟脂肪细胞生成明显受到抑制，脂滴减小，TG降低，细胞形态部分恢复到分化前的梭形，不同品种及焙火程度岩茶均作用显著。在与DPPH反应后，反应液中的儿茶素含量，尤其酯型儿茶素显著减少；另外，没食子酸（GA）在高焙火的茶样中明显升高，与DPPH反应后显著下降；由此可推断酯型儿茶素和GA在抗氧化和减肥方面作用突出。品种之间无显著性差异。

5. 热图分析功能成分与体内外降脂减肥的相关性分析表明，岩茶有显著的清除自由基能力、减肥等作用　作用成分包括滋味成分GA、EGCG、茶色素、茶多酚等。轻焙火的大红袍岩茶作用比中焙火和重焙火效果更好。

总之，焙火工艺会影响岩茶减肥功能，低焙火岩茶减肥效果最高。体内外减肥机理研究明确了岩茶对前脂肪细胞分化和脂肪生成的抑制，DPPH清除自由基实验明确了茶叶中酯型儿茶素和GA抗氧化活性好，减脂作用突出。通过热图分析理化成分和减肥效果的相关性，发现GA和EGCG清除自由基能力好，茶黄素对改善肝脏中抗氧化活性指标最好，茶红素、茶褐素对动脉硬化的作用大于茶多酚。多酚类对血浆中脂质水平作用最好。岩茶有显著的清除自由基能力、减肥等作用，不仅是滋味成分，还有香气。

如何让茶叶发挥更好的减肥功效，提高茶叶中活性成分的生物利用度，尤其是在流行病学研究上需要进一步深入工作；通过科学技术手段更好地保留香气成分，加强活性成分功效分子机制的深入研究，更精准地预防和改善肥胖代谢作用；让茶叶发挥更好的减肥功效……这些都是有待探索的方向。

武夷岩茶之所以含有比其他茶类更丰富的保健功能物质，是源于茶叶中所含具有药理作用和营养价值的成分，因茶类、品种、产地、制作工艺和栽培管理不同含量有很大差异。具体来说：第一，武夷岩茶所采的鲜叶是连梗带叶的成熟鲜叶（即三叶半开面），经过独特的做青工艺制作，摇青与晾青交替进行，动静结合，通过走水，经摇青促动，梗脉中的水分被加速输送至叶面分布，使叶面的儿茶素、氨基酸组成发生变化，更加丰富。据张天福《福建乌龙茶》载：嫩梗中涩感弱的非脂型儿茶素含量是叶面的两倍。第二，武夷岩茶特有的焙制工艺，素有武夷焙法，实甲天下之称。通过炖火，低温久烘，使香气更加馥郁，滋味更加甘醇。此乃芳香物质含量更多之故。第三，武夷岩茶具有得天独厚的自然条件，生长在岩壁沟壑烂石砾壤中，而经风化的砾壤具有丰富的矿物质供茶树吸收，不仅滋养茶树，而且岩茶所含的矿物质微量元素也更丰富，如钾、锌、硒的含量较多。早在19世纪中叶，欧美茶叶专家学者经化学分析，就从武夷岩茶中分离出一种与众不同的物质。如1847年罗莱特在茶叶中发现"单宁"（儿茶素）并从武夷岩茶中分离出"武夷酸"。1861年哈斯惠茨证实武夷酸乃是没食子酸、草酸、单宁和槲皮黄质等的混合物。由此可见，武夷岩茶所含的化学成分，具有药理功能和营养价值的物质。

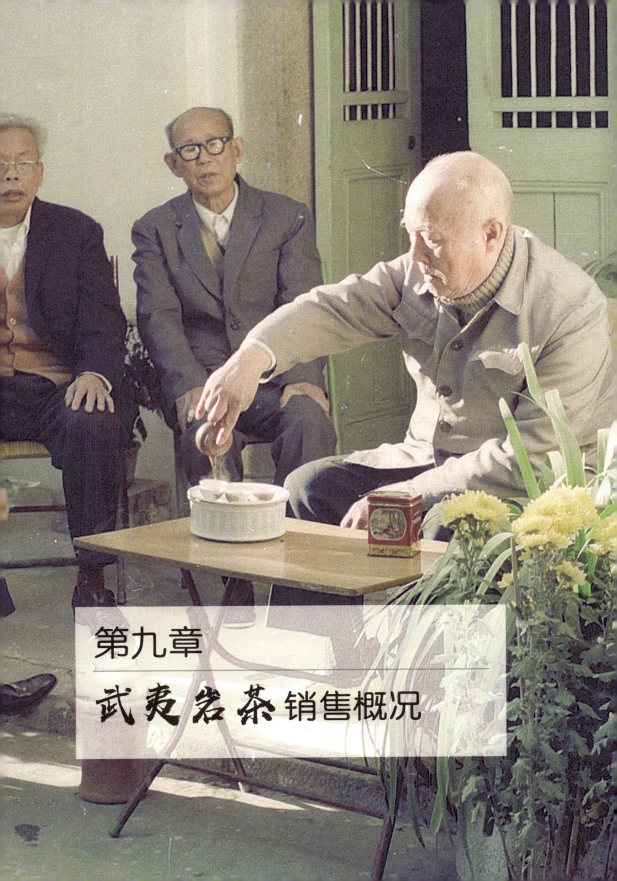

第九章

武夷岩茶销售概况

武夷山茶业历史悠久，源远流长。唐代武夷茶成为士大夫上层贵族馈赠佳品，有晚甘侯之美誉；宋元两代入贡朝廷，盛极一时；元代大德六年（1302），于九曲溪畔设置御茶园；明代罢造龙团，改蒸青团茶为炒青散茶，随后又改制乌龙茶，即现在所称之岩茶；17世纪远销西欧，蜚声四海。福建闽南地区和广东潮汕地区是武夷岩茶传统主销区。因而，武夷岩茶在世界茶叶史上具有极高的地位和深远影响。如今，武夷岩茶也是武夷山重要支柱产业，深受广大茶叶消费者喜爱。

第一节　武夷岩茶销售方式

武夷岩茶上规模营销起源于明末清初。清代雍正五年（1727），中俄两国签订《恰克图界约》，武夷茶（包含武夷岩茶）由下梅、赤石、星村启运，到达中俄边境的通商口岸恰克图，并延展到欧洲其他国家，这是继"丝绸之路"之后的"万里茶路"，武夷岩茶大量销往国外，时间长达200多年。清朝广州十三行商人伍秉鉴，1801年从他哥哥伍秉钧手上接管了"怡和行"，做中西贸易，主要经营丝织品、茶叶和瓷器，是英国东印度公司最大的债权人，在武夷山拥有茶园，经营武夷茶。

清代道光年间（1821—1850），随着《南京条约》的签订，五口通商，海运开禁，对外贸易商品经济的意识开始冲击我国百年来闭关锁国自给自足的封建主义经济基础。作为占有福州、厦门两大通商港口优势的福建，其茶叶生产在通商贸易不断扩大的形势下飞速发展，走向繁荣昌盛。据海关资料记载，到光绪四年（1878），福建茶叶出口达80多万担，约占当时全国年出口总量的三分之一。这期间，乌龙茶从开始起步，发展成为具有相当生产规模的崇安武夷岩茶（乌龙茶）产区，构建起一条通往国内外市场的产、供、销渠道。随着年代更替，在诸多因素的影响制约下，历史上的乌龙茶产、供、销体系有的已不复存在而成为历史陈迹，有的变更翻新，有的一直延续至今。

五口通商至民国之前期间，主产区为武夷山及其附近区域。由于当时武夷地处古驿道，即为外省"入闽之孔道"，也是福建南来北往的必经之路之一，成为茶叶的集散地。邻近地区，一向有冒充武夷茶运销各地。闽南安溪等茶区虽有生产，但在生产规模等方面均逊于武夷岩茶。直至这一历史阶段的末期，安溪茶叶生产开始兴起。乌龙茶的购销贩运经营，当时主要为下府帮（今闽南漳州、泉州、厦门等地）、潮汕（今广东的潮州、汕头地区）和广州的三大帮。在通商以前武夷茶运销路径基本经由广州出口（清乾隆二十二年起限定广州一个口岸出直至五口通商）。武夷茶沿崇安西北方向的分水关至江西铅山，然后沿信江入鄱阳湖，再经赣江直抵其上游，过梅岭后进入广东的北江而至广州。这样，越经山山水水，沿途需经陆路、水路几番周转，迂回曲折，地跨三省方抵达广州出口商之初，清代梁章钜《归田琐记》（1845）记云："则武夷之茶，不胫而走四方，且粤东岁运番舶，通之外夷。"五口通商以后，武夷茶主要沿闽江直抵福州，而后转运他方销售，如直接通过海路运抵闽南各港，以及汕头、广州、香港等地。这样，既缩短了行程，又减少了费用。是时，各国商船，在沿海来往频繁，外国人需要茶叶，茶商运茶供应可得丰厚利润。运销之茶商"腰缠百万赴夷山，主客联欢入大关，一事相传堪告语，竹梢夺得锦标还。""雨前雨后到南台，厦广潮汕一道开，此去武夷无别物，满船春色蔽江来。"当年运销武夷茶而获厚利的商人们，真是春风得意，一路欢歌，而且"还不足以供天下之需"。地处武夷茶运销之路的黄金水道闽江沿岸各县，因茶叶产品可顺流而下，发展很快。民国《沙县志》（1928）载："乌龙茶在同治初（1862）出一万余箱（每箱20千克），光绪十年至二十八年（1884—1902）计增至三万五千箱。"沿岸地区茶叶生产可谓如火如荼。历史遂有"乃自各国通商之初，番舶云集，商民偶沾其利，遂至争相慕效，漫山遍野，愈种愈多，苍山铲为赤壤，清溪汛为黄流"褒贬参半之描述。到光绪后期，产量开始下降。原因首先是出现了武夷茶"多有贩他处所产，学其焙法，以赝充者"，以假乱真有损商业信誉的现象日趋严重；其次，由于通商后外国资本侵入中国，大搞掠夺政策，以及茶商唯利是图，重利盘剥，清代末世，已无力顾及武夷茶叶的生产与发展，民不聊生；最后，由于印度、锡兰、印度尼西亚等国发展茶叶生产排斥华茶。清代光绪后期走向衰落。

武夷岩茶销售地区主要有闽南、广东的潮汕地区，以及我国的香港、澳门、新加坡、吉隆坡、菲律宾、泰国、缅甸、美国旧金山等地。在国外主要为侨销。

民国时期，武夷山岩之所有者称为岩主。岩主在山上设有岩茶厂，遍布全山三十六峰九十九岩之间，多达百三十余家，山麓设有茶庄（亦称茶号），分头经营，为岩茶之精制者。大多设立于山麓赤石镇，盛时不下六十家，如集泉、奇苑、泉苑等均拥有百数十年之声名。因乡土及方言关系，分有帮别，以闽南方言为准，包括漳泉所属各县及旅居潮汕之闽南茶商称为下府帮，重要者有集泉茶庄、奇苑茶庄、泉苑茶庄等，此帮对外名义又称公和帮；以潮州方言为准，组成潮汕帮有兴记茶庄、瑞兴茶庄等；以广州方言为准，组成广东帮，此帮茶庄在山并无岩厂，制造岩茶，均系零星收购；本地籍者为本地帮，多属"东家厂"，即未设有茶庄，惟各家仍独立栽植采制。各大茶庄在国内外均设有茶号，直接售卖予消费者。

民国至新中国成立前这一时期，是一个多事之秋。历史背负着深重的沉疴。战事不断，烽火连天，武夷岩茶也在岌岌可危的夹缝中求生。当时武夷岩茶产销形式，基本是清代时期的延续。其产销情况，概而言之，未能形成光绪年间盛产之旺势，产量有起有落。武夷岩茶，自光绪末期起，一蹶不振，终有"盛年不重来"之缺憾。

崇安武夷岩茶自清末以后，一直未能恢复元气。抗日战争期间，又因其主销区厦门、潮汕等地相继沦陷，福州通往这些销区的海路被封锁，福泉公路被破坏，加之自民国二十七年（1938）起开始实行茶叶统购统销，也影响了武夷岩茶的销路。

闽北的建瓯、建阳在民国期间，由于岩茶生产不景气，供不应求，遂在抗日战争前，先后有厦门的林金泰茶庄、惠安的施集泉茶庄、泉州的张泉苑茶庄在建阳水吉设厂收购，倡制水仙茶，单独出售，或经拼配后出售，如广东潮州的杨瑶珍一家，年销建瓯南雅水仙（也叫下路水仙）等达万余箱。总之，这一时期，由于武夷岩茶衰落，给建阳、建瓯乌龙茶生产的发展提供了契机，促使优良产品——水仙茶脱颖而出。

同样，由于岩茶的衰落及抗战期间闽北茶区运销中断，南安、永春等地乌龙茶生产有所发展，如闽南水仙，就是当时开始引种加工。历史上，南安黄耀奎的高香水仙茶很受欢迎。

总之，民国年间，尽管有不利发展生产的因素存在，导致出类拔萃的武夷岩茶产销陷入困境，但善于经营的福建茶人，通过发展闽南茶区和武夷邻近区域茶叶生产，创新变革花色品种，终于使福建乌龙茶产销得以维系。虽未能重振盛年之雄风，但始终没有间断，更没有消亡，为日后的发展奠定了基础。福建乌龙茶裹挟着民国年间的创伤与缺憾，带着憧憬与希望，迎来了新中国的诞生。

新中国成立以后至20世纪70年代，福建乌龙茶区基本仍分布在闽南、闽北两个区域。茶叶生产收购量，每年也都在1 000 ～ 2 500吨徘徊。

20世纪70年代后期，由于乌龙茶外销数量不断增长，多年曾出现求大于供的现象。再则，中央实行特殊政策，发展外向型经济。乌龙茶是福建出口创汇高的产品，兼之乌龙茶科研工作进步发展应用于生产，使乌龙茶"生逢其时"得以迅速发展起来。当时，产区已基本扩大到全省的各产茶区50多个县市，产量也逐年增长。就传统的老茶区以崇安县而言，1949年岩茶产量只有130担，1950年上升至160担，50年代以后持续增长，至1960年达416.75担，60年代年产量为200 ～ 300担，至1987年，产量上升为13 580担。

新中国成立以后，武夷岩茶购销形式一改历史上自由贩卖方式，实行国家统购统销政策。这在新中国成立之初茶叶求大于供的情况下，无疑有利于产品的调拨供应，有利于恢复时期茶叶生产的稳定发展。但这政策持续了30多年之久，历史上享誉海内外市场著名的武夷岩茶的商号、茶庄，也因此销声匿迹。联想到，作为消费者并非一朝一夕所能树立起的以商号或以商品标号作为购茶的价值观的商业信誉的消失，备感可惜。而且，从生产加工到流通领域直至消费者手中，其周转环节之多，费时之长，茶农收入不及市场售价的一半。近年来，购销形式正在为适应武夷岩茶生产的发展和市场的开拓，提高经济效益作适当调整和变革。但还很不够，在茶叶管理体制以及外销政策方面都存在阻碍生产发展的弊端。当务之急，应统一茶叶管理体制，加强提高武夷岩茶品质的科学研究。国家要统一同类产品口岸之间的悬殊差价，按质论价，防止低价竞销；对发放乌龙茶出口许可证，应按各省可供出口货源确定配额；结汇率不应低于他省；禁止仿用福建乌龙茶出口的货号；借以发挥福建乌龙茶传统的独特优势，打入国际市场。福建应将发展乌龙茶纳入长期的战略，因为一个走向世界市场的产品的开发，其意义不仅限于创汇，还增进了国家的对外影响作用。就像历史上著名的中国丝绸、瓷器的输出一样，使中国因此而名扬世界。

1958年，中国社会主义改造基本完成后，茶叶作为国家二类物资纳入计划经济体制调控中。茶叶机构对茶叶进行收购和精制加工，由供销部门销售和外贸公司负责出口贸易。武夷岩茶主要通过厦门、福州的外贸计划出口东南亚等国家，国内则主要通过商业和供销渠道销往闽南、潮汕地区计划供应。中国改革开放后，茶叶作为三类物资，武夷茶开始自由流通，内销市场逐年扩大。闽南、潮汕地区，特别是云霄、诏安等地成为武夷岩茶20世纪80年代到20世纪末的主要销售区。现今时代的茶农或小型茶厂，以销售毛茶的方式为主，大厂或上规模的公司除了自身基地生产毛茶外，还对外大量收购毛茶和精制茶，通过精制加工，以企业品牌小包装或散装方式推向市场。

总之，随着人们对武夷岩茶饮用价值的认识不断深化，按人们各自不同的需要，武夷岩茶正在从各个不同角度，以不同方式走入千家万户。

第二节　武夷岩茶老销区

武夷岩茶销售地区基本固定在历史上闽南、粤东、香港、澳门，以及东南亚等传统市场。国外市场，基本仍为侨销。

一、闽南销区

福建闽南是武夷岩茶老销区、主销区，其中云霄更是武夷岩茶的集散地。云霄的武夷茶缘，是武夷岩茶闽南销区的一个缩影与历史见证，源远流长。

云霄人对武夷岩茶情有独钟，远近闻名。云霄人喜欢喝武夷岩茶，习惯于经营武夷岩茶。据了解，云霄人经营武夷岩茶已有190多年历史，清代有"漳州茶庄"，民国期间有"庆和茶庄""漳苑茶庄""奇苑茶庄""雾苑茶庄""奇香茶庄"等。新中国成立初期，有好多家经营武夷岩茶的商店，之后国家实行对私改造，茶叶的经销归供销系统管理。

在计划经济时期，茶叶作为二类物资，由国家统一调控，茶叶出口兑外汇，群众喝茶要凭粮簿供应，每月仅供应100克，只在逢年过节时才供应250克或500克茶叶，而都是低档次的拼配茶，如"流香""色种""溪峰"等，好一点的是"奇种"，要想喝到正宗的武夷岩茶是很难的（除非有"华侨券"到贵宾商店购买）。

随着改革开放的深入，茶叶市场开放，也由于云霄人有经营武夷岩茶和爱喝武夷岩茶的历史，1983年漳州市云山茶业公司（当时称为"云霄县烟杂二店"），在老经理吴焕明先生带领下，开辟云霄至武夷山茶路。在崇安县（今为武夷山市）茶叶局、茶叶公司的支持下，与崇安县茶叶公司签订经销协议，开始经营武夷岩茶，崇安茶叶局并签署了《武夷岩茶经销委托书》。

漳州市云山茶业公司吴焕明先生

1983年腊月二十三日，漳州市云山茶业公司与崇安县茶叶公司订购了20多担茶叶，其中一半纸盒与木盒小包装，一半散装。托云霄运输服务公司用一部破旧的江淮车装运，从武夷山至云霄700多千米行驶了2天才到达，路上关卡林立，车辆时常熄火，真是一路风尘，一路坎坷。茶叶一到云霄，大家忙着到街上张贴"销售海报"，把介绍武夷岩茶的"茶话"黑板报挂在门市面前，通知群众购买，生意红火，20平方米的门市里买茶的人们水泄不通。

"一炮天下响"，春节过后，大家都称赞茶叶好："岩骨花香，滋味醇厚。"上年纪的人们都讲："好多年没有喝过这么正宗、纯正的武夷岩茶了。"至正月初四，小包装茶叶全部售完，散装茶所剩无几。

茶路已铺开，茶缘在扩大，茶谊在加深，业务在拓展。至1987年，云霄邻县及广东汕头、潮阳的茶商纷纷前往云山茶业公司采购武夷岩茶，部分台湾回来探亲认祖的老人也经常前往品茶，买茶带回台湾，还经常有人汇款来购买"云山"包装的"武夷水仙"和武夷山"幔亭"牌大红袍。随着经营业务的扩展，为适应市场需要，1992年7月，云霄县成立了"漳州市云山茶业公司"。公司成立后，经常与武夷山厂家、武夷岩茶传承人和茶农进行探讨，以适应市场需求。公司也秉着坚持信誉第一，质量至上，客户至亲，保持武夷岩茶"老味道"经营宗旨的基础上，既加工又经销，既批发又零售，使企业稳定发展。

云霄与武夷山的茶缘、茶谊长远而深厚。从20世纪90年代开始得到蓬勃发展，云霄几乎成为武夷岩茶的集散地，武夷山人络绎不绝进驻云霄，高峰月份，每天有100多个武夷茶农和茶商住在云霄，三部武夷货车，天天往返于云霄和武夷山之间运送茶叶，再由云霄发运销往漳浦、东山、诏安等县和广东潮汕地区。在武夷岩茶魅力影响下，云霄县迅速开张了大大小小四五百家经营武夷岩茶的茶庄和茶店。

云霄与武夷的茶缘茶谊发展和巩固，得益于云霄县人民群众的促进。云霄人百分之九十五以上喜欢喝武夷岩茶，其他茶叶类怎样炒作也难撼动云霄的茶叶市场。泡茶是云霄人待客必不可少的礼仪，每逢客人来访，不管在家里或在单位，必定泡茶相待。上好的岩茶，精致的茶具，独到的"功夫茶"艺和对武夷茶的熟悉，每每是云霄人炫耀的资本。其间，若有新客人再到，必重新开汤换茶，以示尊重。喜欢饮茶的人们讲究喝早茶、午茶、晚茶。云霄人饮茶品茶的情况和层面难于言尽。据不完全统计，平均每个家庭每月饮用1.5千克以上茶叶，全县年饮用茶量至少在1 500吨以上。

漳州市云山茶业公司吴松德父女（中）、吴进东在慢亭合影留念

　　光阴似箭，漳州市云山茶业公司在经营武夷山茶叶的路上走过了近40个年头，作为云霄全县唯一能够稳定发展延续至今的集体茶叶企业，全凭国家改革开放政策的指导，全社会茶叶界的支持和人民群众的眷顾。曾经多次被福建省贸易厅、漳州市、云霄县人民政府授予"放心店""守合同重信用"单位。1992年，中国"茶界泰斗"张天福先生挥毫惠赠"武夷岩茶　国色天香"的墨宝，武夷山岩茶总公司经理赵大炎先生（崇安县委原书记）在高度肯定和赞扬云山茶业公司与武夷岩茶的缘分时，挥毫赋诗："武夷苍苍，漳水泱泱；云山茶风，四海名扬。"

　　行茶路、结茶缘，云霄与武夷茶缘越来越深厚，将源远流长。

二、广东潮汕销区

广东潮汕是武夷岩茶老销区。潮汕人爱喝茶、会喝茶、懂喝茶、理性消费是出了名的,"喝早茶""喝午茶"作为一种消费习惯,更作为一种文化现象,形成了潮汕工夫茶的传统文化,由广东传到了全国的许多地方。"开门七件事,柴米油盐酱醋茶",潮汕人离不开工夫茶,"宁可数日无肉,不可一日无茶",历来把茶叶称作"茶米",几乎等同于三餐所需的大米,市场上"茶铺多过米铺",反映了茶在广东潮汕人生活中的重要地位。

🌱 潮汕工夫茶(蔡希仁　摄)

武夷岩茶在广东潮汕地区的销售具有以下几个特点:

1.销售及消费历史悠久　清代姚衡的《寒秀草堂笔记》转述崇安县令柯易堂的话:"言茶之至美,名不知春,在武夷天佑岩下,仅一树,每岁广东洋商予以金定此树。"清朝刘靖的《片刻余闲集》中论及武夷茶高下时,指出洲茶中"芽茶多属真伪相参,其广行于京师暨各省者,大率皆此,唯粤东人能辨之"。其他如嘉庆《崇安县志》、民国《崇安县新志》均记录了清嘉庆至民国期间"潮帮""广府帮"在武夷山采办茶叶极为活跃,说明粤东人(主要指现在的潮汕人)既是当时的品茶高手,也是武夷岩茶的主要采购和消费客户。由此可见,武夷岩茶在广东潮汕地区的销售及消费历史渊源悠久。

2.消费群体广　潮汕人家家户户有喝工夫茶的传统和习惯。潮汕工夫茶是流传于潮汕地区一带的以乌龙茶为主要用茶，以精致配套的泡茶器具、遵照独特讲究程式的一种茶叶冲泡和品饮方式。清嘉庆六年俞蛟的《潮嘉风月记·工夫茶》是潮汕工夫茶重要的文献记载，其中所述"投闽茶于壶内冲之"已表明"闽茶"（其时多为武夷岩茶）为工夫茶的主要用茶。现代潮汕文化学者翁辉东在《潮州茶经》中也指出"潮人所嗜（茶），在产区则为武夷、安溪"。而民间一直有"茶必武夷、壶必孟臣"的讲究，这一传统随潮汕人对工夫茶的品饮习惯延续至今。

🌿 参加首届中华名茶（汕头）博览会暨茶文化研讨会与郑国明先生合影留念

3.市场占比量大　潮汕地区现有总人口约2 000万人，按每个家庭4口人计，约有500万个家庭，按每个家庭每月平均消费茶叶100元人民币计算，每月茶叶消费约为5亿元，一年约为60亿元。从目前潮汕地区茶叶消费的情况看，武夷岩茶消费比例约占整个茶叶市场的百分之六十左右。以此口径计算，武夷岩茶每年在潮汕地区的销售达到36亿元以上。

4.要求茶叶品质稳定及价格合理　武夷岩茶在潮汕地区销售的主要品类有水仙、大红袍，还有肉桂、奇种、水金龟等，以小包装和散装的形式在市场上销售。由于武夷岩茶在潮汕销区的历史久远和消费者长期的品饮习惯，对于武夷岩茶的品质都有一定了解，对香味口感有独到的感觉，要求茶叶品质稳定、价格合理。他们要求产地为武夷山独特的自然生态环境下的适宜茶树品种的鲜叶为原料，并用武夷岩茶传统工艺特点要求进行加工而成的，具有岩韵品质特征的乌龙茶。做青工艺要求做熟具有一定的红边，火功程度以足火为主，要求焙足、焙透、焙匀，茶叶产品滋味浓厚、润滑、回甘，茶味十足等口感特性，并具有一定的性价比，消费市场十分理性。

🌱 2021年参加汕头首届闽粤乌龙茶评比大赛与郑文铿先生夫妇合影留念

第三节　武夷岩茶新销区

在武夷山市委、市政府的关心和重视下，在当地开展了武夷岩茶节、海峡两岸茶业博览会、印象大红袍等茶事活动，对外开展"浪漫武夷·风雅茶韵"茶旅促销活动，在这些活动的宣传推动下，武夷岩茶在一些新的市场产生很大的影响，消费者逐渐了解武夷岩茶，并开始品饮，形成一些新销区，如北京、上海、济南、福州、郑州、南宁、深圳、莆田、厦门等城市，是近几年发展的武夷岩茶新销区，福州是近两三年内武夷岩茶的热销新区，武夷岩茶专卖店发展迅速。一些著名的老字号茶庄，如北京的吴裕泰、张一元、老舍茶馆，上海豫园的湖心亭，江苏的瑞和泰茶庄等都有专柜营销武夷岩茶。在政府的大力宣传下，龙头企业在全国各地开设自营店和加盟店，营销市场不断扩大，武夷岩茶消费群体不断壮大。

🌱 在老舍茶馆与姚月明先生夫妇（中）
　合影留念

第十章

武夷岩茶文化
大观园

武夷山历史悠久，早在南唐时，就被列为名山大川，颁令禁止樵伐。此地人杰地灵，人才辈出，仅宋代就出了著名的理学家朱熹和婉约派词开创者柳永。历代文人墨客以诗词方式赞美武夷茶，有的刻在武夷山风景名胜区内崖壁上，形成了留存千古的文化遗产和文化景观。遇林亭窑址、御茶园、大红袍母树、晋商万里茶路起点地——下梅、燕子窠生态茶园等成为武夷山旅游景点，印象大红袍是来武夷山旅游的游客必看的演出。这些与茶有关的景点，展现了武夷岩茶厚重的历史文化和精湛的技艺，已经形成以茶促旅，以旅促茶，共同发展的局面。武夷岩茶节、国际无我茶会、武夷茶评比赛、海峡两岸茶业博览会等茶事活动的开展，让更多人了解武夷岩茶历史文化、制作技艺和独特品质，从而产生深远的影响。

第一节　茶事摩崖石刻

武夷山风景名胜区内的摩崖石刻，遍布岩麓，琳琅满目，其中九曲溪畔六曲的响声岩、四曲的金谷岩和题诗岩较为集中。

武夷山以茶为主题的摩崖石刻比比皆是，成为武夷岩茶名扬四海的印证。石刻内容有的记载元代官员奉旨创建御茶园（焙茶局）和采茶，有的讲述制茶工艺，有的镌录文人雅士赏景品茗，有的展示武夷名丛和名泉的题名，其中以品尝茶事的诗文石刻最令游人齿颊留香，流连忘返。

一、两院司道批允免茶租告示

镌刻于武夷山九曲溪七曲溪北金鸡社崖壁，现保存完好。这是武夷山中现存最早的一道有关保护茶农利益的官府布告，也是最大的、文字最多的摩崖石刻。

二、茶洞

镌刻于武夷山风景区清隐岩麓崖壁。

茶洞位于武夷山九曲溪六曲的东岸。相传这里是山上第一棵茶树生长的地方。

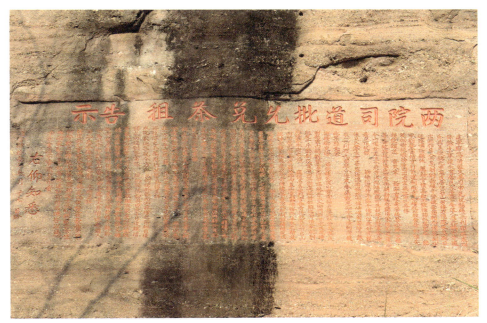

🌿 两院司道批允免茶租告示（吴心正　摄）

🌿 茶洞（刘仕海　摄）

三、清代茶禁碑

武夷山风景区云窝石沼青莲亭下竖立着清代乾隆二十八年（1763）建宁府刻示的茶禁碑，碑高180厘米，宽80厘米，保存完好。

四、茶灶

《茶灶》诗文曾镌刻于武夷山九曲溪的五曲河床中的"茶灶石"上（当年朱熹武夷精舍十二景之一）。原为宋朱熹题刻，已销蚀，现集朱熹墨宝补镌其上。

朱熹一生大部分时间在福建武夷山茶区度过，在武夷山收徒讲学、著书立说时，以茶醒心，以茶解困，以茶交友，对武夷茶情有独钟，与茶结缘甚深，写下《茶坂》《茶灶》《春谷》等茶诗文。相传，

建宁府茶禁碑（叶国盛　提供）

九曲溪中的"茶灶石"（吴心正　摄）

他曾别出心裁地在隐屏峰西南面九曲溪的第五曲礁石上煮茶，邀友品茗赏景，畅谈咏诗，其《茶灶》诗就是当时的写照。诗云："仙翁遗石灶，宛在水中央。饮罢方舟去，茶烟袅细香。"描写诗人行至水中礁石上，见有天然石穴，宛如仙人留下的茶灶，于是雅兴大发，用它做茶灶煮水煎茶，分享大自然的这份赐予，其乐无穷。饮罢正要乘舟离去，回头依然见石灶上方一缕细细的飘香的茶烟在袅袅上升。此诗意境清远恬淡，极富遐想，读后令人如临其境。

五、福建分巡延、建、邵道按察使司告示

康熙三十五年，福建按察使司白某鉴于崇安县屡次发生蠹役倚势勒买贱价茶叶之事，特发布法令，严禁此风蔓延。山中僧道将告示镌于岩间。

福建分巡延、建、邵道按察使司告示（吴心正　摄）

镌刻于武夷山九曲溪四曲溪北金谷岩，现保存完好。

六、崇安县衙告示

康熙三十五年，这是崇安县衙为保护茶农、茶僧，严禁无赖之徒倚势向茶农低价勒买茶叶的公示题刻。

此告示镌刻于武夷山九曲溪四曲溪北金谷岩，现保存完好。

❧ 崇安县衙告示（吴心正　摄）

七、福建陆路提督告示

康熙五十三年，福建省总兵官左都督饬禁勒索茶农、茶僧的公告题刻。

❧ 福建陆路提督告示（吴心正　摄）

镌刻于武夷山九曲溪四曲溪北金谷岩，现保存完好。

八、詹文德题制茶石刻

元代大德十年（1306）镌刻于四曲溪北题诗岩，东南向。

内容浅释：纪事题刻。元大德六年，位于四曲溪南的武夷山御茶园建成，布局恢宏完备，前有仁风门，后有拜发殿（即第一春殿）、清神堂、思敬亭、宜寂亭、浮光亭、碧云桥，均取名于茶艺或誉茶之语，还有通仙井、喊山台等。题刻为建御茶园后四年，为茶官等前来采茶焙制的纪事。

九、林锡翁题制茶石刻

元代至元十七年（1280）镌刻于四曲溪北题诗岩，东南向。

至元十七年，浦城县达鲁花赤（位在县尹之上的蒙古族官员）倚势越境命令崇安县尹承办贡茶之事，并镌记于岩。两年后，即由崇安县尹办事，至是始设焙局，二十年后设御茶园于四曲溪南。

🌿 詹文德题制茶石刻（刘仕海　摄）　　　🌿 林锡翁题制茶石刻（刘仕海　摄）

十、完颜锐题制茶石刻

元代至大三年（1310）镌刻于四曲溪北题诗岩，东南向。

作者于至大二年、三年两度进山监制茶，抽闲游山，镌石纪事。前此七年，已在四曲溪南设御茶园。

十一、林君晋题制茶石刻

元代大德六年（1302）镌刻于四曲溪北题诗岩，东南向。

🌿 完颜锐题制茶石刻（刘仕海　摄）

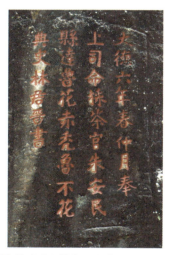

🌿 林君晋题制茶石刻（刘仕海　摄）

十二、庞公吃茶处、应接不暇石刻

本文镌刻于武夷山九曲溪四曲溪北之金谷岩麓的平林渡的崖壁上，题刻署名者为林翰。康熙辛巳年间，幕僚林翰陪同建宁太守庞垲一行到武夷山九曲溪畔视察茶事，在溪滩上徜徉，身临其境观九曲风光，溪山美景扑面而来，且如画卷绵绵延拓，美不胜收，于是庞垲又有了"应接不暇"的感受，在平林渡品茶小憩，忽悟此地正是"引人入胜"处。

武夷山九曲溪的四曲，是与茶有着密切关系的宝地。南面就是御茶园，进出的都是俗家人。武夷茶自元代起就是皇家贡品，让世人为其忙碌。与御茶园隔溪相望的平林渡，也称为"小九曲"。平林渡口前后左右的山间岩坳，不是茶园就是茶厂，茶文化在青山绿水间四季氤氲。武夷茶是佛祖家茶，武夷山寺院的禅茶活动不绝，僧侣常在品饮之中说禅语、悟禅道。渡口舟楫往来密切，茶客络绎不绝，想喝茶者可以扫净一块山石，垒起一方茶灶，就着岩泉水煮武夷奇茗。

🌿 庞公吃茶处（吴心正　摄）　　　　🌿 应接不暇（刘仕海　摄）

十三、崇安县长吴石仙题"大红袍"石刻

本文镌刻于武夷山景区九龙窠大红袍茶树旁的崖壁上。据《武夷山志》所载，民国三十年，吴石仙任崇安县县长，任期为1941—1944年。任职期间，吴石仙经常去辖内各地公务。每到一处，品尝新茶，逐渐感到大红袍非同凡响，因而倾心推介。1944年，吴石仙应武夷山天心寺住持方丈之邀，给大红袍母树题写"大红袍"三字。由马头岩石匠黄华友刻在茶树旁，包括凿岩壁上的踏步，共花工钱30方大米（约200千克）。以后大红袍逐渐声名远播，誉满中外。

🌿 大红袍石刻

第二节　茶旅游景点

　　茶文化是中国传统文化中的一朵奇葩，植根其中，根深蒂固，源远流长，在漫长的历史长河中逐渐由物质文化上升到精神文化的范畴，融自然科学、社会科学、人文学于一体。武夷茶文化与旅游事业关系密切，协调发展。茶旅游景点星罗棋布，资源丰富。

一、遇林亭

　　遇林亭窑址，位于武夷山市武夷山风景名胜区西北部。目前，是全国规模最大、保存最完整的宋代古窑址之一。1961 年，福建省人民委员会公布为省级文物保护单位。1999 年 12 月，武夷山被联合国教科文组织列入世界文化与自然遗产名录，"遇林亭窑址"就是其重要内容之一。2006 年遇林亭窑址被列为第六批全国重点文物保护单位。

遇林亭窑址（吴心正　摄）

遇林亭窑产品有青瓷、青白瓷和黑瓷三大类。青瓷器形以碗、碟类居多，青白瓷器形有碗、碟、盘、罐、壶、瓶等，黑瓷器形以碗为主，俗称"建盏"，为遇林亭窑最具代表性产品。遇林亭窑出品的黑瓷釉色品类丰富，绚丽多彩，变幻莫测，代表性釉色有乌金、兔毫、油滴、鹧鸪斑和曜变等，此外尚有描金、银彩绘黑釉盏，其山水花鸟图案和吉祥铭文，更独具特色。遇林亭瓷器口大底小，造型古朴，胎体厚重，釉汁肥润，是历代最上乘的茶具之一。

遇林亭窑出土的"描金、银彩"的黑釉瓷碗，在中国乃至世界同类窑址中属首次发现，证实了"描金、银彩"的产地在福建武夷山。

二、御茶园

武夷地处偏僻，交通闭塞，茶叶不能直接入贡，故名不扬。早年，武夷山人种茶采叶，只简单供作食用、药用或煮饮。文字记载至唐宋年代产制蒸青绿茶团饼茶，颇得朝廷欣赏，遂成为贡品。浙江平海行省平章事高兴是个阿谀奉承的人，素知武夷茶品第一，于元代至元十四年奉诏进京，路过武夷，品尝武夷茶悟到高雅韵味，便"美芹思献，始谋于冲佑道士，采制作贡"（元代赵孟頫《御茶园记》），将武夷制"石乳"入献皇上。大德五年（1301）诏创皇家焙局于武夷四曲溪畔。大德六年（1302）兴建改名为"御茶园"，内设场官、采茶官、监制官及工员、场丁主管岁贡，雇佣250户，茶叶贡额从十余斤到精制龙团凤饼五千饼，武夷茶从此单独大量入贡，茶名因之大扬。明末清初周亮工《闽小纪》载："先是建州贡茶，首称龙团凤饼，而武夷石乳未著，今则但知有武夷，不知有北苑。"

武夷茶的入贡，给武夷山的茶农带来深重的灾难。封建统治者为满足口腹之欲，苛索不已，贡额逐年增加。到元末，每年贡茶

御茶园遗址（吴心正 摄）

已增至990斤。鼎盛年代武夷贡茶占全国贡茶额的四分之一。茶园官吏为完成上交贡额，便残酷敲诈勒索茶农，茶农不堪其苦，被迫逃亡，造成茶园荒芜，茶树枯萎。到明代嘉靖三十六年（1557），官府不得不停办茶场。长达255年贡茶历史的御茶园便废弃了。现存一口"通仙井"（又名"呼来泉"）。贡茶制虽罢，但贡茶作为联结地方与中央的重要物品，一直为茶叶界所重视，至今武夷茶仍有贡茶之称。

三、大红袍旅游景点

1996年，武夷山市景区管委会开辟了"九龙窠大红袍茶文化旅游线路"，简称"大红袍景区"。它位于武夷山景区中心部位大峡谷"九龙窠"内。峡谷东西向，谷壑深切，两侧九座危峰分南北对峙骈列，峰脊高低起伏，犹如九条巨龙。谷地与岩崖峭壁上遍布劲松修竹，绿意葱葱，自然景观、茶和人文古迹散布其中。

大红袍旅游景点（吴心正　摄）

关于大红袍名称的由来，有一段历史传说。明代洪武十八年（1385），举子丁显上京赴考，路过武夷山时突然得病，腹痛难忍，巧遇天心永乐禅寺一和尚，和尚取其所藏茶叶泡与他喝，病痛即止。考中状元之后，前来致谢和尚，问及茶叶出处，得知后脱下大红袍绕茶丛三圈，将其披在茶树上，和尚用锡罐装取大红袍让他带回京城饮用。状元回朝后，恰遇皇后得病，百医无效，便取出带回那罐茶叶献上，皇后饮后身体康复，皇上大喜，赐红袍一件，命状元亲自前往武夷山九龙窠披在茶树上以示龙恩，同时派人看管，采制茶叶悉数进贡，不得私匿。传说每年朝廷派来的官吏身穿大红袍，解袍挂在树上。因此，被称为"大红袍"。从此，大红袍就成为专供皇家的贡茶，盛名远传。

大红袍景区因大红袍茶树而得名。大红袍母树已有400多年历史，为稀世瑰宝，素有"武夷茶王"之美誉，是国家一级保护古树名木，属于福建省茶树种优异种质资源。生长在九龙窠悬崖峭壁上，环境得天独厚，高山幽泉，烂石砾壤，迷雾沛雨，早阳多阴，日照时间短，日夜温差大，属于灌木型，小叶类，晚生种。经科研攻关，于1963年获得繁育、栽培成功。现已大面积推广种植。昔日进贡皇家的绝品，如今进入寻常百姓家。

🌱 大红袍——国家一级保护古树名木

根据联合国教科文组织世界遗产委员会《世界遗产公约》，母树大红袍已列为"主要自然景观"和"文化遗存与景观"之一，成为武夷山"世界文化与自然遗产"的重要组成部分。九龙窠"大红袍"摩崖石刻已被列为省级文物保护对象。

根据文物保护的有关规定，武夷山市政府作出对母树大红袍实行特别保护和管理的决定：2006年起对母树大红袍停止采摘进行留养，指定专业技术人员进行科学管理并建立详细的大红袍管护档案。严格保护"大红袍"茶叶母树周边的生态环境。

"忆当年六棵母树五百年留芳，看今朝数亿红袍千万里飘香"。停止采摘的母树大红袍，将进一步彰显其文化、历史价值，以厚重的历史渊源、文化底蕴和神奇传说，成为武夷茶永久的象征。

四、晋商万里茶路起点地——下梅

武夷山是万里茶路的起点地。清代雍正五年（1727），中俄签订《恰克图界约》，武夷茶由武夷山下梅、赤石、星村茶叶集散地启程，经分水岭，抵江西铅山河口，入鄱阳湖，溯长江到达汉口，后穿越河南、山西、河北、内蒙古，从伊

下梅村（吴心正　摄）

林（今二连浩特）进入蒙古国境内；再穿越沙漠戈壁，经库伦（今乌兰巴托）到达中俄边境的通商口岸恰克图，全程约4 760千米，然后由恰克图向俄罗斯圣彼得堡延伸，并延展到中亚和欧洲其他国家，全程13 000千米。这就是著名的中蒙俄"万里茶路"，此路由晋商开辟并一直主导，长达200多年。

晋商万里茶路起点地——下梅村，位于武夷山国家级重点风景名胜区、旅游度假区以东8千米，面积9.6平方千米，总户数600多户，总人口2 800多人，是国家级历史文化名村，完整保存着明清时期的古民居70余幢，有着深厚的民居文化和茶文化底蕴，是一处不可多得的古村落。为挖掘并弘扬其文化价值，2001年对其进行开发，现已成为武夷山旅游业的新亮点之一。

五、印象大红袍

2008年由张艺谋策划的大型茶旅互动项目《印象·大红袍》启动建设。2010年由武夷山市幔亭岩茶研究所为张艺谋导演《印象·大红袍》山水实景演出提供培训场所，并对首批表演者担任传统工艺的技术指导，取得圆满成功。张艺谋、王潮歌、樊跃创作的第五部印象作品——《印象·大红袍》在武夷山正式公演。

《印象·大红袍》山水实景演出的推出，打破了固有的"白天登山观景、九曲泛舟漂流"的传统旅游方式与审美方式，不仅首次展示了夜色中的武夷山之美，同时还创造了多个世界第一。与其他4个"印象系列"作品不同的是，《印象·大红袍》突出故事性和参与性，不仅展示了武夷茶史、制茶工艺，讲述大王与玉女的爱情故事，大红袍的传说，一杯茶所带来的幸福和感悟。导演王潮歌、樊跃说，《印象·大红袍》是借茶说山、说历史、说文化、说生活。作为全世界唯一展示中国茶文化的大型山水实景演出，"实景电影"是其中最长的一个演出环节，也是《印象·大红袍》最大的看点。为把武夷山自然与文化双遗产地品牌提升到新的高度，加快武夷山旅游产业内涵提升和促进茶产业、文化创意产业发展。以独特视角，向来自世界各地的观众展示不同的武夷山水茶文化。

《印象·大红袍》以世界文化与自然遗产地——武夷山为地域背景，以武夷茶文化为表现主题，巧妙地将自然景观、茶文化及民俗融于一体。整场演出华丽璀璨，包罗万象，内涵丰富，极具影响力，是游客到武夷山必看节目。

六、燕子窠生态茶园

自2018年以来，在福建农林大学廖红教授带领的"科特派"团队指导下，燕子窠生态茶园采取"等量有机肥替代化肥＋绿肥轮作"、生态防治、物理防治等方式，达到了降低成本、提质增效的目标。在茶园套种大豆、油菜，利用大豆生物固氮效果作为"绿肥"，油菜开花后就地回田，补给土壤磷和钾，燕子窠生态茶园达到了无化肥无化学农药种植的效果，这一尝试得到了大自然的丰厚回馈——茶青产量保持稳定、茶叶品质持续上升，为茶叶生态种植提供了可推广可复制的解决方案。

燕子窠生态茶园（吴心正　摄）

2021年3月22日，习近平总书记赴福建武夷山考察调研。当天下午他来到星村镇燕子窠生态茶园，了解茶产业发展情况。习近平总书记听取了廖红教授带领科技特派团队关于优质高效生态茶园建设情况的汇报。汇报中说，近年来，在科技特派员团队指导下，茶园突出生态种植，提高了茶叶品质，带动了茶农增收。习近平总书记听了十分高兴，他指出："武夷山这个地方物华天宝，茶文化历史久远、气候适宜、茶资源优势明显，又有科技支撑，形成了生机勃勃的茶产业。要很好总结科技特派员制度经验，继续加以完善、巩固、坚持。要把茶文化、茶产业、茶科技统筹起来，过去茶产业是你们这里脱贫攻坚的支柱产业，今后要成为乡村振兴的支柱产业。"

第三节　茶 事 活 动

一、武夷岩茶节

"首届武夷岩茶节"举办于1990年。2005年"第七届中国武夷山大红袍茶文化节"在武夷山度假区钓鱼湖畔隆重开幕。以茶为媒，宣传武夷，发展旅游业，武夷岩茶节是良好的开端，收到了良好的经济与社会效益。

武夷岩茶节（刘述先　摄）

二、国际无我茶会

1990年首届国际无我茶会发起地在中国台湾地区台北市召开，第2届1991年10月17日、 第5届1995年10月27日和第10届2005年11月3日在福建省武夷山举行。武夷山是举办"国际无我茶会"次数最多的地方，因为世界乌龙茶和红茶发源于武夷山，是茶人们向往的茶叶圣地。1991年，在国家级宾馆"武夷山庄"的草坪上立了一块大石碑，镌刻上"幔亭无我茶会记"与"无我茶会之精神"的铭文。

❦ 幔亭无我茶会（刘述先　摄）

三、武夷茶评比赛

（一）武夷山市春茶评比赛

　　为持续提升武夷茶品质，促进武夷山市茶叶制作技艺交流与合作，不断提升武夷茶品牌的影响力，进一步加强茶叶标准化建设，助力茶企茶农拓宽茶叶销售渠道，推动增产增效，保障茶产业高质量发展，武夷山市茶业局开展春茶评比赛活动。

❦ 武夷山市春茶评比赛（邱汝泉　摄）

2000 年之前，武夷山市（原崇安县）茶叶部门组织的茶赛，称之为毛茶评比赛。传统的毛茶在初焙、凉索、拣剔、复焙、吃火后，有一定的净度和火功，可以直接送样参加评比或者饮用。2000 年以后，随着茶叶生产量不断增加，凉索后的茶叶直接复焙，必须经过精制加工拣剔、烘焙，才能送样参加评比。为了使茶企、茶农在不同历史背景下分清毛茶的概念，从 2004 年至今武夷山市毛茶评比赛名称改为春茶评比赛，一年一届，至 2021 年已举办了 17 届。

1. **送样主体**　武夷山市登记注册的茶企和武夷山市籍茶人。

2. **茶样要求**

（1）选送茶样分为武夷岩茶和武夷红茶两大类。其中武夷岩茶分大红袍、肉桂、水仙、品种，武夷红茶分正山小种、武夷奇红（包括金骏眉、银骏眉、大赤甘、小赤甘等）。

（2）参评茶样必须是当年产自武夷山市行政区域范围内，且经检测合格的精制茶，火功程度要求是"中火"。

（3）每个茶样的数量为 1 000 克（1 千克），茶样用锡箔袋密封包装。

（4）获奖茶样若被检测出不合格，将取消获奖资格。

3. **茶样管理**　由武夷山市茶业局指定专人负责收样、存放工作，收取的茶样不论获奖与否均不退样，用于评审、品茗、试验及宣传推广等。

4. **审评团队**　审评专家组，由特邀专家和本市专家组成，特邀专家组成员将由国内、省内知名茶叶审评专家组成；本市专家组成员将从武夷山市茶叶专家库中随机抽选组成。

5. **评选方式**　春茶评比赛活动，主要采取由专家审评组审评，所有茶叶审评一律采用暗码感官审评，采取百分制，每位评委专家各自打分，按总分平均分高低及奖项设置比例确定获奖企业或个人。审评活动要求做到公开、公正、公平，接受社会和媒体的监督。

6. **奖项设置**　春茶评比赛活动中每个品种设置特等奖、一等奖、优质奖若干名，比例为 2：4：4。如参评茶样超过一定数量，将酌情研究增设获奖名额，获奖率控制在 20% 以内。

7.回馈及待遇

（1）适时举办获奖茶颁奖仪式，届时将请相关奖项的获奖代表出席活动；组织电视台、网络媒体对相关获奖企业进行专题报道。

（2）特等奖、一等奖、优质奖由市茶业主管部门授予奖牌和证书，不设奖金。

（3）获奖茶企、个人及其茶品，适时在武夷茶产业官方微信公众号上进行公示、公布。

（4）符合参展条件的获奖企业，可优先参加市政府组织的对外组团宣传推广活动。

（5）对符合条件的获奖企业，在项目资金扶持和评先评优上予以政策倾斜。

（6）颁奖活动通过市融媒体中心（武夷微发布、掌上武夷）、数字武夷及国内知名网络媒体、茶专业媒介等进行宣传推广。

武夷山市茶业局主办的一年一度春茶评比赛，引起了全市茶企和茶农的高度重视。茶企和茶农纷纷前来送样积极参加评比，已成为武夷山市的一项重要赛事活动，反映了春茶评比赛的权威性，具有一定的影响力。评比赛的开展提高广大茶人工匠意识、品牌意识、创业意识，提高技术水平和产业知名度，带动茶产业发展，从而产生经济效益和社会效益。

（二）星村镇茶王赛

1999年，星村镇举行首届武夷岩茶茶王赛。

1.星村镇概况　星村镇位于武夷山市西南麓，辖区总人口25 000余人，总面积686.7平方千米，它是武夷山世界自然与文化"双遗地"的核心区，九曲溪竹筏码头所在地，省重点建设项目"中国茶乡"的核心区。境内拥有国家级自然保护区、国家级重点风景名胜区、国家级森林公园，是武夷山的重要旅游窗口之一。武夷山自然保护区为我国南大陆现存面积最大、保留最完整的中亚热带生态系统，素有"鸟的天堂""蛇的王国""昆虫的世界"之称。保护区腹地挂墩和大竹岚早在19世纪中叶便是闻名于世的"生物模式标本产地"，中外生物学家已先后在此发现生物新种模式标本近1 000种（包括新亚种），成为世界闻名的生物标本采集地。

2. **茶王赛情况**　星村镇是红茶的发源地、"武夷岩茶第一镇"，被评为"福建产茶明星乡镇"、国家级生态乡镇，有一句俗话云"茶不到星村不香"。目前，星村镇有茶山6万亩，茶企业1 100家。从1999年至2021年已经举办了十四届茶王赛。

3. **茶王评审办法**　所有茶样委托市茶叶局组织市茶叶专家评审，通

首届武夷岩茶茶王赛（刘锋　提供）

过初评、复评、决赛，最终评选出5个系列（水仙、肉桂、大红袍、品种、红茶）茶王、金奖、银奖、优质奖。同时，在每一届茶王赛的举办中不断探索和创新，将斗茶与旅游相互融合，故而备受茶友的青睐。

（三）第二届武夷岩茶茶王赛

为发扬悠久茶文化，树立武夷岩茶中华名茶形象、适应世界双遗产的更高要求，2000年7月底，第二届武夷山市茶王赛在武夷镇举行，主题为"2000年中国武夷山茶文化节暨'凯捷杯'茶王赛"。此次由武夷山市政府主办、武夷镇承办、香港凯捷集团冠名的盛会，在福建省茶叶学会的指导下获得圆满成功。本次茶王赛内容丰富多彩，有茶之旅、茶经贸、茶会、茶具、书画展及面向21世纪武夷山茶叶发展座谈会等系列活动，共有250个单位及个人参加，选送茶样108个，评出肉桂、水仙、名丛、品种四个茶王，其中肉桂茶王由武夷山市幔亭岩茶研究所获得，以20克拍卖4.6万元人民币创历史新

第二届武夷岩茶茶王赛（邱汝泉　提供）

高，被香港凯捷集团拍得。

（四）民间斗茶赛

武夷山市从 2001 年发起举办民间斗茶赛活动，一年一届，至 2007 年已举办了 7 届民间斗茶赛。民间斗茶赛促进制茶技术的交流与提高，进一步宣传武夷岩茶，拓展岩茶销路，提高岩茶市场份额和价位，提高岩茶经济效益，使广大茶农、茶企受益。

（五）天心村斗茶赛

一直以来，天心村所产的茶都是武夷茶中的佼佼者。全村 530 户 1 780 人，种茶、制茶、卖茶者达90%以上。

天心村邻近武夷山景区的北次入口。从 2006 年开始，每当举办天心村斗茶赛，在北次入口的广场

天心村斗茶节（邱汝泉　摄）

上，都有这样的场景：茶桌分行排开，遮阳伞下满攒动人头，来自四面八方。天心村斗茶赛为提升品质，赛出精品，村里专门成立斗茶赛组委会，成员全是本村村民，参赛者也仅限本村村民。从茶叶收样、编号、发样、发评分表，甚至比赛现场烧开水、洗杯子等工作，都由村民参与。

斗茶赛评委由特邀茶叶专家评审、送样者和茶友茶商游客等大众评审组成。每个茶样按标准对其外形、汤色、滋味、香气等评分。其中，专家评审打分占总分的70%，大众评审打分占30%。在斗茶赛上，来自全国各地的茶商、游客，既可免费品茶，也能以大众评委的身份参与评茶打分。

斗茶赛的送样品种主要有：肉桂、水仙和大红袍，火功程度要求是中火。

通过斗茶赛，实现了做品牌、增影响、提技艺、卖好价、百姓富的良性循环。如今的天心村，已被称为"岩茶第一村"。

四、海峡两岸茶业博览会

为进一步构建福建茶产业的发展平台，打响闽茶品牌，建设福建茶叶强省，促进海峡西岸经济区建设和海峡两岸农业合作与交流，福建省决定从2007年起举办海峡两岸茶业博览会。其中，第二届海峡两岸茶业博览会于2008年11月16日至18日在武夷山市举行。

海峡两岸茶业博览会（吴心正　摄）

第二届海峡两岸茶业博览会（简称"海峡茶博会"）以茶为媒、主题突出、特色鲜明。本届茶博会形式多样、内容丰富、精彩纷呈。举办了山水实景茶歌舞演出，组织了为期三天的茶业展览展销，举行了福建茶业投资项目暨茶业订货合同签约仪式，举办了茶业国际高峰论坛和闽台旅游合作研讨茶话会，开展了"海峡民俗文化风情街"万人品茗和茶艺篝火晚会等系列活动。来自我国港澳台地区，浙江、广东、云南及省内茶企业共519家参展，邀请国外、我国港澳台茶叶主销区15个茶叶采购团组和各省区1 000多家专业经销商与参展商进行洽谈。从第四届开始，每年11月16日至18日都固定在武夷山举办，一年一届，为宣传武夷山和武夷茶搭建了一个很好的平台。

参考文献

陈椽，1991．茶叶商品学．合肥：中国科学技术大学出版社．

陈祖槼，朱自振，1981．中国茶叶历史资料选辑．北京：农业出版社．

福建省图书馆，2016．闽茶文献丛刊．北京：国家图书馆出版社．

何长辉，叶国盛，2020．武夷茶文献选辑（1939—1943）．沈阳：沈阳出版社．

胡浩川，1941．武夷茶史微．安徽茶讯，1（12）．

黄贤庚，2012．武夷茶说．福州：福建人民出版社．

林馥泉，1943．武夷茶叶之生产制造及运销．福建农业（3）：7-9．

林金科，2016．茶健康学．北京：中央广播电视大学出版社．

刘宝顺，2022．武夷岩茶打焙技术．中国茶叶（11）：50-53．

刘宝顺，潘玉华，2014．纯种大红袍加工技术．福建茶叶（5）：22-25．

刘宝顺，潘玉华，占仕权，等，2019．武夷岩茶初制技术．中国茶叶（4）：40-42．

刘宝顺，占仕力，周建，等，2019．武夷岩茶采制之感官经验分析与判断．中国茶叶（9）：50-51．

刘宝顺，占仕权，刘欣，等，2020．"蛤蟆背"与武夷岩茶烘焙工艺及品质的关系．中国茶叶（3）：50-52．

刘宝顺，占仕权，刘欣，等，2016．武夷岩茶制茶环境与品质．农产品加工（11）：54-56．

刘宝顺，戈佩贞，陈德华，等，2014．漫话武夷岩茶——兼论岩茶优质机理．福建茶叶（6）：5-8．

刘宝顺，戈佩贞，陈桦，等，2016．国家级茶树优良品种——福建水仙．茶业通报（4）：187-190．

刘宝顺，林慧，戈佩贞，2014．武夷茶历史溯源、传播发展与现状．福建茶叶（3）：41-44．

陆羽，陆廷灿，2011．茶经 续茶经．郑州：中州古籍出版社．

罗盛财，2013．武夷岩茶名丛录．福州：福建科学技术出版社．

潘玉华，刘宝顺，2014．武夷岩茶烘焙技术．福建茶叶（1）：29-31．

潘玉华，2011．茶叶加工与审评技术．厦门：厦门大学出版社．

潘玉华，2012．铁观音专业审评与日常品鉴．福建茶叶（3）：32-34．

王泽农，1943．武夷茶岩土壤．茶叶研究（1）：4-5．

王泽农，1944．武夷茶岩土壤．茶叶研究（2）：1-6．

吴觉农，2022．中国地方志茶叶历史资料选辑．北京：中国农业出版社．

武夷山市地方志编纂委员会，2007．武夷山摩崖石刻．北京：大众文艺出版社．

武夷山市志编纂委员会，1994．武夷山市志．北京：中国统计出版社．

萧天喜，2008．武夷茶经．北京：科学出版社．

许嘉璐，2016．中国茶文献集成．北京：文物出版社．

叶国盛．2022．武夷茶文献辑校．福州：福建教育出版社．

张天福，戈佩贞，郑洒辉，等，1989．福建乌龙茶．福州：福建科学技术出版社．

郑培凯，朱自振，2014．中国历代茶书汇编校注本．香港：商务印书馆有限公司．

附录

武夷岩茶大事记

1940年2月1日，福建示范茶厂在崇安县赤石镇成立。该厂由福建省贸易公司和中国茶叶公司合办，其主要宗旨为救济茶农、改良制造、研究品种以及增加生产。主要业务为经营茶园及茶厂，产制红茶、青茶、绿茶及花茶，指导茶农、茶商培训制茶员工，研究产制技术，改进品质及包装等。总厂下设福安、福鼎两个分厂，以及星村直属制茶所、政和直属制茶所、武夷直属制茶所。原省茶业管理局创办的福安茶业改良试验厂及所属社口、穆阳、崇溪三个制茶厂并入福安分厂。张天福任总厂厂长，郭祖闻、庄晚芳任副厂长。

1940年10月1日，福建示范茶厂和福建省贸易公司合办刊物《闽茶季刊》创刊号出版发行。该刊物为福建省当时重要的茶叶刊物，宣扬茶政，改进茶业。

1940年，张天福先生利用福建示范茶厂的设备和人才，建立"崇安县立初级茶业职业学校"，校址在赤石镇企山，培养茶业人才。

1942年6月，财政部贸易委员会茶叶研究所在武夷山山麓的赤石镇创办，开展茶叶研究工作。茶叶研究所由吴觉农担任所长，蒋芸生担任副所长。同时还有王泽农、尹在继、陈观沧、佘小宋、庄任、许裕圻、叶鸣高、钱樑、俞庸器、叶作舟、陈舜年、汤成、朱刚夫、叶元鼎、刘河洲、吕增耕、刘轸、向耿酉、陈为桢等诸多茶人开展茶叶研究工作。茶叶研究所进行茶树更新推广、茶树品种调查和育种栽培实验、各种茶类制造实验以及茶叶的生化分析、武夷茶区土壤调查等工作，并创办了《茶叶研究》《武夷通讯》等茶叶刊物。

1943年4月，吴觉农《整理武夷茶区计划书》出版，该书作为茶叶研究所丛刊第二号出版。同时，茶叶研究所丛刊还有廖存仁《武夷岩茶》、王泽农《武夷茶岩土壤》，单行本《茶叶研究所两年来工作概述》以及茶叶浅说系列《武夷山的茶与风景》等。

1943年6月，林馥泉《武夷茶叶之生产制造及运销》出版，该书为武夷岩茶在茶史、产生经营、制作工艺、产销情况方面作了重要论著，成为武夷茶的第一部专著。

1945年，抗战胜利后，武夷山的茶叶研究所改组为中央农业实验场崇安茶场，隶属于农林部。由张天福担任场长，同时聘请李联标、童衣云等专家负责茶叶研究工作。

1949年，崇安县解放，崇安茶场正式由人民政府接管，更名为"崇安茶厂"，张天福担任崇安茶厂厂长。后由中国茶叶公司福建省分公司接管。

1952年10月，苏联茶叶专家贝科夫（茶师，1946—1949年来华接受销苏茶叶）、哈利巴伐（制茶师）一行考察崇安茶叶实验场。同行的有中国茶叶公司总技师胡浩川，以及中国茶叶公司王郁风、孙正等人。福建方面派出张天福、庄任、高章焕陪同。

1956年，苏联茶叶专家再次来到武夷山考察，参观崇安茶场，并合影留念。

1956年11月，浙江省茶叶参观团参观考察崇安茶场，考察崇安茶场新茶园建设经验，以及武夷岩茶制作和武夷山茶树品种等情况。

1957年8月，江苏省茶叶生产参观团参观崇安茶场，当时崇安企山在大型机耕茶园的建设上为全国典范。

1958年，创立武夷茶业大学。

1959年，武夷岩茶被评为中国十大名茶之一。

1960年，在天游峰顶，成立崇安县茶业科学研究所。

1960—1963年，崇安县茶业科学研究所先后开展肉桂名丛无性繁殖。

1961年，崇安茶场第一作业区，试验基地收集名丛28个（包括大红袍）。

1962年，崇安茶场第七作业区，茶树品种园收集名丛和品种材料51个（其中大部分为名丛材料）。

1962年春，中国农业科学院茶叶研究所的科研人员从武夷山九龙窠剪取大红袍枝条带回杭州扦插繁育与研究。

1964年春，福建省茶叶研究所培育室科研人员谢庆梓等人到武夷山剪取九龙窠大红袍枝条带回福安扦插繁育与研究。

1972年，武夷山茶叶试验场（茶科所）在五曲晒布岩，建立品种园1.5亩，收集栽种全国各地茶树品种50余种（包括名丛），1981年随茶科所迁址改种。

1978—1982年，崇安县茶业科学研究所连续开展武夷名丛挖掘、整理、繁育工作。在御茶园遗址建立武夷名丛圃5亩，种植名丛、单丛等共150余种。

1980年，于九龙窠新建名丛圃2.1亩，收集栽种名丛无性系材料112个。

1980年、1982年，在商业部召开的全国名茶评比会上，武夷肉桂获一等奖。

1981年，武夷山市举办首届春茶评比赛（原称毛茶评比赛），并延续至今。

1984年，武夷肉桂被评为国家十大名茶之一。

1985年11月，陈德华参加福建省茶叶研究所成立五十周年庆之际，带回5株大红袍茶苗，栽种在武夷山茶叶科学研究所"御茶园"名丛圃。

1985年，武夷肉桂获农业部名茶奖，并通过审定成为福建省优良茶树品种。

1986年，武夷肉桂被商业部授予全国名茶称号。

1988年，武夷肉桂获商业部名茶奖；武夷水仙获商业部优质产品奖。

1989年，武夷肉桂获农业部全国优质农产品奖。

1991年，武夷山星村九曲茶场肉桂茶基地开发的肉桂，在"七五"全国星火计划成果博览会上荣获金奖。

1992年，武夷肉桂获首届中国农业部博览会金质奖。

1993年，武夷山市首次制定了武夷岩茶（乌龙茶）综合标准，标准号为DB35/T 60.1 ~ 20-94，经福建省标准计量局审定批准，1994-04-20发布，1994-05-20正式开始实施，填补了武夷岩茶质量标准的空白。

1994年以来，武夷名丛守护者罗盛财在龟岩，收集、保护种植名丛和单丛106种（包括选自原中央茶叶研究所企山品种观察圃的单丛资源8种和经过审定的现有珍稀武夷名丛70种）。

1994年，武夷山市茶叶科学研究所的《大红袍岩茶无性繁殖及加工技术研究》通过福建省科委科学技术成果鉴定。

1996年，武夷山市景区管委会开辟九龙窠大红袍茶文化旅游线路。

1997年，大红袍荣获福建省名茶称号。

1998年，大红袍、武夷肉桂荣获"中华文化名茶"金奖。

1999年，根据联合国教科文组织世界遗产委员会《世界遗产公约》，母树大红袍作为"主要自然景观"和"文化遗存与景观"之一，成为武夷山"世界文化与自然遗产"的重要组成部分。九龙窠"大红袍"摩崖石刻被列为省级文物保护对象。

1999年，武夷山市举办首届茶王赛，并延续至今。

2001年，"武夷山大红袍"注册为地理标志证明商标。同年，武夷山市举办首届民间斗茶赛，并延续至今。

2002年，武夷岩茶获得国家地理标志产品保护，标准号为GB 18745-2002，并制作首套武夷岩茶国家实物标准样，2006-7-18修订并发布，2006-12-01实施，标准号为GB/T 18745-2006，实物标准样每隔2～3年复制，为企业生产提供参考，规范茶叶市场。同年，国家工商行政管理总局商标局核准注册"武夷山大红袍"证明商标。

2004年，武夷山市政府下达《关于启用"武夷山大红袍"证明商标的通知》。

2006年，武夷岩茶（大红袍）传统制作技艺作为全国唯一茶类被列入国家首批非物质文化遗产名录。

2006年，武夷山市决定对大红袍母树实行停采养护。

2007年3月19日，教育部批准设立武夷学院，下属的茶与食品学院设有茶学专业，为国家级特色专业，省级一流专业。

2007年10月10日，"乌龙之祖　国茶巅峰——武夷山绝版母树大红袍送藏国家博物馆"仪式在北京的端门大殿举行，20克母树大红袍茶叶正式由武夷山市人民政府赠送给中国国家博物馆珍藏。

2008年，"武夷山大红袍"地理标志证明商标被认定为福建省著名商标。

2009年，武夷山市荣获"中国最具茶文化魅力城市品牌"称号。同年，中央电视台拍摄的中国茶史诗片《武夷茶文化》热播海内外。

2010年，张艺谋、王潮歌、樊跃创作的第五部印象作品——《印象·大红袍》在武夷山正式公演。

2010年，武夷山市被评为福建十大产茶大县；武夷岩茶被列入中国世博十大名茶；"武夷山大红袍"被认定为中国驰名商标。

2012年，大红袍茶树品种通过审定，成为福建省优良茶树品种。

2015年，大红袍获评全国"茶叶区域公用品牌十强"。

2016年，"武夷肉桂"由中国茶叶博物馆监制列为杭州G20会议饮用茶品之一。武夷岩茶品牌价值获评627.13亿元，位居全国驰名品牌价值排行榜第11位，茶类品牌第2位。

2017年，武夷岩茶被农业部评为"中国十大茶叶区域公用品牌"。

2020年，大红袍被列入中欧地理标志协定保护名录。

2021年3月22日，习近平总书记赴福建武夷山考察调研，指出："要把茶文化、茶产业、茶科技统筹起来，过去茶产业是你们这里脱贫攻坚的支柱产业，今后要成为乡村振兴的支柱产业。"

2021年，武夷山市荣获"2021年度三茶统筹先行县域""2021年度茶业百强县"称号。

2022年11月29日，武夷岩茶制作技艺作为"中国传统制茶技艺及其相关习俗"的重要组成部分被列入联合国教科文组织人类非物质文化遗产代表作名录。

2023年9月，"福建武夷岩茶文化系统"入选第七批中国重要农业文化遗产。

2024年2月29日，福建省地方标准"非物质文化遗产武夷岩茶传统制作技艺"（DB35/T 2157-2023）正式施行。